藝 文 叢 刊

龍眼譜 外二種

〔清〕趙古農

浙江人民美術出版社

圖書在版編目(CIP)數據

龍眼譜：外二種 / (清)趙古農著; 何維之點校. --
杭州 : 浙江人民美術出版社, 2019.3
(藝文叢刊)
ISBN 978-7-5340-6940-6

Ⅰ.①龍… Ⅱ.①趙… ②何… Ⅲ.①龍眼－果樹園藝－廣東－清代 Ⅳ.①S667.2

中國版本圖書館CIP數據核字(2018)第157705號

龍眼譜（外二種）

〔清〕趙古農 著　何維之 點校

責任編輯：霍西勝
文字編輯：張金輝
責任校對：余雅汝
整體設計：傅笛揚
責任印製：陳柏榮

出版發行　浙江人民美術出版社
　　　　　(杭州市體育場路347號)
網　　址　http://mss.zjcb.com
經　　銷　全國各地新華書店
製　　版　浙江時代出版服務有限公司
印　　刷　浙江海虹彩色印務有限公司
版　　次　2019年3月第1版・第1次印刷
開　　本　787mm×1092mm　1/32
印　　張　4.25
字　　數　75千字
書　　號　ISBN 978-7-5340-6940-6
定　　價　28.00圓

如有印裝質量問題，影響閱讀，
請與出版社市場營銷中心聯繫調换。

點校説明

《龍眼譜》一卷，《檳榔譜》一卷，《菸經》二卷，趙古農撰。

趙古農，清代廣東番禺人。地方志没有爲趙古農立傳，只在《番禺縣續志》卷三十其著作按語下有趙古農的簡略介紹。後來清遺民吴道鎔在民國時期作《廣東文徵作者考》，沿襲《番禺縣續志》記載，并增補了其著作相關信息。《廣東文徵作者考》卷九的記載如下——

趙古農，原名鳳宜，字聖伊，一字巢阿，番禺人，諸生。勤於撰述。南海林青門茂才輝，康熙間人，著《嶺海賸》四卷，未百年莫有舉其姓氏者。古農購得斷爛稿本，爲審定刊行之，其古誼不易及多此類。著有《抱影吟草》，《闕疑殆齋雜録》六卷，《骨董二編》四卷，《玉尺樓賦選》五卷，《菸經》二卷，《龍眼譜》《檳榔譜》各一卷。

其傳記簡略，關於趙古農更多的生平資料，只能另求它書。

趙古農爲廣東新興縣的甘勖太（號忍齋）《碧桐閣初鈔》所作序言中提到：「道光十二年壬辰，予始游新州……是第十月之朔後八日賁隅趙古農巢阿老人，時年六十有七，書於古新州署之挹翠軒。」趙古農的至交繆艮在《自述詩》（繆艮《文章游戲二編》卷一收録）中説：「憶自乾隆朝，丙戌月春王。十三卯時初，生予於浙杭。」而趙古農《繆友蓮仙雜俎序》（繆艮《文章游戲三編》卷六收録），言「殆閲其年譜，與予同庚」。

由此可知，趙古農（一七六六—一八三二後），生於乾隆三十一年丙戌（一七六六），至道光十二年壬辰（一八三二）仍在世，享壽至少六十七歲。

趙古農又號飯牛。在其《飯牛對》一文（繆艮《文章游戲》收録）下有繆艮評語，提到「先生之自號爲『飯牛』也」。

有三子，長子光璧（見《菸經跋》），次子光珋（見《檳榔譜跋》），季子光琥（見《龍眼譜跋》）。

他學識淵博，當過塾師、師爺。他在《玉尺樓賦選》自序中提到「嘉慶壬戌余課徒於南園抗風軒」。另外，清人黄漢《貓苑》收録趙古農《迎貓制鼠説》一文，原文下有黄漢的按語：「漢按，趙古農，番禺人，爲粤東老幕友也。」

阮元總督兩廣期間，組織編修《廣東通志》，聘趙古農擔任分校。道光《廣東通志》卷首《重修廣東通志職名》的分校職名載有「生員臣趙古農」字様，而且繆艮《嚶求集》有一封致趙氏信提到「欣聞吾兄以就節署分校志書之館」。

趙氏著述除《廣東文徵作者考》所列外，尚有《紀批蘇詩擇粹》十八卷，《囊賸》四卷，《十八娘傳》一卷。此外繆艮《文章游戲》收録有趙古農五十餘篇詩文。

趙古農三譜，資料主要來自農書、筆記、醫籍、詩文集等，均撰於道光五年，按照撰寫先後順序，依次是《菸經》《檳榔譜》《龍眼譜》，分别由長子、次子、季子作跋，在順序上相呼應。道光九年，三譜由厂广山房刻板刊行。三譜正文之前均收録友人序言和題辭，廣州知府高廷瑶爲三譜做了序言。題辭雖多贊頌之詞，但也不乏有關三種作物的有用史料。

龍眼是與荔枝齊名的粤中佳果，色香味不相上下。北宋蔡襄（字君謨）的《荔枝譜》非常出名，荔枝有譜（歷代不下十種），而龍眼一直無譜，還被視作「荔奴」。雖然荔枝譜内有時附有龍眼的相關内容，但是往往很簡略。趙古農長於番禺韋水鄉，那裏盛産龍眼，他對龍眼非常瞭解。爲了替龍眼洗刷「荔奴」之名，他編寫了這部

《龍眼譜》。

檳榔是明清時期廣東的名果，多産於海南，其作爲水果食用由來已久。作爲禮俗用品，檳榔在賓客往來、婚姻配合的場合必須用到。趙古農没有去過海南，未見過檳榔樹，但是在日常生活中經常接觸到檳榔。他雖然没有吃檳榔的嗜好，但是考慮到檳榔的重要性，還是爲檳榔作譜。

煙草原産美洲，明末由菲律賓傳入中國，閩廣是煙草最先傳入的地區。到了清朝，煙草盛行於世，男女老幼、貧富貴賤都吸煙，趙古農也有吸煙的嗜好。當時中國「茶煙二者，不可偏廢」，而唐陸羽著《茶經》，但未聽説有《煙經》，有鑒於此，趙古農編成《菸經》二卷。

《龍眼譜》《檳榔譜》均由五個部分組成，依次是他序、題詞、自序、正文、跋語。《菸經》除了這五部分之外，還有附録《鴉片煙》。

農史學者吴建新撰有論文《趙古農與嶺南三譜》（原載《廣東圖書館學刊》一九八七年第二期），研究趙古農所撰《龍眼譜》《檳榔譜》《菸經》三譜，以下主要根據這篇論文略述此三譜的主要内容和學術價值。

趙氏所撰的這三種植物志，在中國古代植物學文獻史上具有較重要的地位：《龍眼譜》是我國古代唯一的一本龍眼專譜；《檳榔譜》是我國古代唯一的一本檳榔專譜；清道光以前，已有煙草專譜問世（如陸燿《烟譜》、汪師韓《金絲録》、陳琮《烟草譜》），《菸經》是清代爲數不多的幾種煙草志之一，也是清代嶺南唯一的煙草譜。

趙氏三譜有助於研究清代廣東農業生産分布與農業科學技術。《龍眼譜》記述珠江三角洲的主要龍眼産區，《檳榔譜》記録海南的檳榔生産，《菸經》記載了道光以前廣東煙草生産的迅速發展，形成了嘉應黄煙、潮煙、南雄煙、新會如思煙等著名品種。《龍眼譜》《菸經》中分别有關於龍眼、煙草的種植和加工等農業技術的介紹。

三譜還不同程度地記載了鴉片戰争前龍眼、檳榔、煙草三種經濟作物的商品化程度。而《菸經》末所附《鴉片煙》一卷，還揭露了外國商人來粵進行鴉片貿易，貽禍華夏，痛陳吸食鴉片的危害，勸誡世人戒煙。

此外，三譜各記載了龍眼、檳榔、煙草的食用習俗，對研究古代廣東禮俗有一定的參考價值。

但是趙氏三譜在史料價值上也有一定局限：三譜字數不多，其中《龍眼譜》約八千字，《檳榔譜》約七千五百字，《菸經》（含《鴉片煙》）約一萬八千字，内容整體上顯得單薄。匯纂前代文獻成書，譜中文獻記載較多，而實踐經驗、作者原創較少。而且三譜的記載偏於植物的名實、性狀、功用，生産方面記録較爲簡略，未能充分反映清代三種經濟作物的繁榮情況。趙氏還將木本棕櫚科的檳榔和藤木的山檳榔混爲一談，把「西洋鼻煙」與煙草視爲一類。

三譜的版本，均有清道光九年广广山房刻本，二〇一五年《廣州大典》影印清道光九年广广山房刻本。此次點校以《廣州大典》影印清道光九年广广山房刻本爲底本，并核校了三譜所引用文獻，參校的文獻在校勘記中首次出現時寫明版本，供讀者索考。除如己、已、巳等常見形近易誤字徑改外，其他誤字與異文出校勘記，予以説明。

因本人學識有限，書中難免出現點校失誤，懇請讀者批評指正。

何維之
戊戌秋於羊城

目録

龍眼譜

龍眼譜序

高序

貴筑高廷瑶青書撰

予既序《荔經》與《檳榔譜》畢，珍復之，趙子又以《龍眼譜》屬予爲序。嘻，予筑人也，惡識龍眼之所以生邪？即欲序之，惡乎序之哉？雖然，予嘗聞之矣，昔蔡中郎爲荔支作譜，而龍眼獨闕如，是千古一大憾事。況又目之爲「荔奴」，不知始自何代，尤爲千古不可解之恨。予亦不無同慨其不允，因此知物之有幸、有不幸如此。今巢阿繼中郎後而譜龍眼，龍眼藉是而傳，然則物固以人傳邪？夫造物之生物不少，顧食者不知其味，遂使棄之如道旁之苦李者何限？若龍眼則補脾益智，功尤勝於側生，乃中郎則略此而著彼，不爲之等類齊觀，吾恐中郎之失不更甚於太沖邪。東坡之詩曰「異出同父祖」，斯言近之。百世下，人知有龍眼者，東坡而外，予定以巢阿爲龍眼知己矣。於是乎書。時道光五年歲在乙酉仲冬朔越長至後一日，書於五羊郡齋敬慎堂。

方序

吾粵龍眼之盛，不下於閩，而廣州一郡，郡之南、番、順三邑尤其善於樹藝而多獲者也。是故鄉之人家有龍眼百數十株，得其歲入，則仰事俯畜之計，應酬問餽之需，悉於是乎賴。其視江陵千樹橘、渭濱千畝竹，何多讓邪！以故栽培之法，莫不各殫其心思材力，以冀厚報，亦猶匹夫匹婦之鞠育顧復其兒女，歷久無倦心也。抑吾聞謝傅有言：「子弟亦何預人事而正欲使其佳？」東騎答曰：「譬如芝蘭玉樹，欲使其生於庭階耳。」夫芝蘭玉樹，尚春華而無秋實，猶以佳子弟擬之。況龍眼則春華秋實，并美兼收，抑何不若窮檐蔀屋之佳子弟哉？宜夫鄉曲父老愛惜之不置也。巢阿子曾少居於鄉，鄉之植龍眼以萬計，日耳濡目染，於其事亦備矣。兹作此譜，非衒奇也，蓋謂斯亦治生之術之一助。如范少伯之養魚，邵東平之種瓜，陶徵士之種秫，夫復何嫌？世有林泉高蹈之徒，解組歸田之老，苟得此譜而熟覽之，則將善其事，獲其利，既無飢寒困苦之憂，且增林泉逸致之樂，當未嘗不歎巢阿此書之有用也。

道光五年龍集乙酉六月九日，愚弟淡人方仰周拜題於韋水之踏破瓮齋。

龍眼譜題詞

錢塘 姚祖恩養重

人多嗜荔支，我獨龍眼取。坡公有成言，異出同父祖。當其子離離，望若龍目吐。乃其性益脾，心血且爲補。廣南千萬株，種植無曠土。伊賈利倍三，緣作龍眼譜。

武林 王衍梅笠舫

荔支譜後中郎死，千秋龍目失厥美。前雖隨荔入漢宫，荔奴誰與雪兹恥。我來羊石獲見之，始識離離益智子。側生旁挺堪比肩，乃知蒲萄不相似。阿誰創作斯譜傳，佳果傳來自天水。試從枝頭望金彈，炯炯元精動食指。

武林 楊如溶〔一〕秋舫

南中佳果勝蒲萄，琱俎盛來慰老饕。更按譜尋多美種，何如十葉價還高。

從古聲聞喚荔奴，巢阿却爲洗名污。也應珍重傳斯譜，不羨鮫人泣下珠。

繆　艮蓮仙　仁和

炎方佳果味平和，葉密枝繁結實多。漫説夫□〔三〕奴婢學，荔支相較竟如何。
不教魚目混相觀，的皪渾如珠走盤。合喚珠孃纖手剥，堆來顆顆水晶丸。

秦致中子和　白門

離枝旁挺原同祖，何物狂傖屈作奴。玉液秋來甘可咽，多君智慧破人愚。

蔣　田稻鄉　嘉興

浪傳圓眼似龍睛，紛綴灣頭照水明。萬樹齊看精炯炯，早應潭底毒龍驚。

薛　璋東園　雉皋

參差旁挺五雲端，翠籠猶霑曉露漙。怪道先生好龍目，圓光渾訝賽金丸。

朱鵬南溟　湘潭

我聞粵産側生果，夏綴灣頭望如火。又聞益智子離離，熟近秋風枝磊砢。今來羊石當高秋，驚看龍目垂顆顆。却怪中郎譜荔支，如何龍目無許可。不道巢阿譜龍目，千秋識鑒持贈我。

吴履謙太極老人　西蜀

龍眼當秋熟，芬香上指尖，剥來渾不厭。甜。

劉彬華樸石　貴隅

荔是驪珠爾龍目，旁挺原同側生族。青睛炯炯光照人，我欲擬之徐孝穆。誰歟博物天水翁，作譜獨見爬羅功。由來佳果珍吾土，未必閩中勝粵中。

張岳崧翰山〔三〕　定安

生長南方識荔奴，品題何故遽相污。由來美種才多掩，自有佳名世所呼。觀我朵頤饕餮甚，可人風骨色香殊。一從京國思鄉土，遠道垂涎得啖無。

劉華東三山　賁隅

離支譜自蔡中郎，龍眼何因譜亦詳。此是巢阿游戲筆，可曾美種得先嘗。

黄廷彪炳禺　南海

荔奴誰喚此污名，旁挺由來配側生。底事中郎曾譜荔，不編佳果入公評。

鄧淳樸庵　東莞

吾粵多荔支，結子看離離。如何龍眼樹，不與荔争奇。有譜斯爲美，厥美堪補脾。竊同荔相較，功用或過之。當年譜荔者，中郎知未知。

楊麟仁石　賁隅

江北争馳譽，佳名錫果乾。不知生顆顆，空羨此丸丸。外著黄金色，中藏白玉團。譜成夸粵産，旁挺漫譏彈。

謝嘉猷坡山　貴隅

旁挺本太沖，未免增愧赧。阿誰呼荔奴，名似出僞撰。爲展斯譜看，龍目定裂盰。

聞君譜龍眼，龍眼實粵産。珍異廣搜羅，物理得精簡。

黎蘭因心香　嘉應

似泣鮫人淚，如餐瑞露漿。譜成頻徙倚，白雨過坳塘。

龍眼數江鄉，番南順德强。樹多惟近水，果熟漸含霜。

方穎廉清曹　貴隅

離支夙昔本齊名，堪笑爲奴妄品評。今日憑君操鉅筆，芳園依舊二難并。

潘定瀾柳塘　長寧

點睛破壁命名奇，妒煞芳林後荔支。奴婢千頭猶勝橘，扶衰杞菊也相宜。

香推龍腦眼尤妍，結實纍珠盛暑天。松雪揮毫愛圓潤，將軍大樹説齊年。

荔支龍眼并南方，物理均應仔細詳。訂譜如何留缺陷，不無人議蔡中郎。

鄧　俫仁山　東莞

龍目爭傳十葉珍，秋來顆顆綴圓勻。老農生長賁隅地，作譜應詳過俗人。

李汝梅雪庵　岡州

旁挺均爲嶺海珍，品評應與側生鄰。中郎譜後誰堪續，始信巢阿是解人。

黄景星熠南　岡州

荔支雖占嶺南紅，龍眼那知大有功。理氣養心惟藉爾，補天手段更無窮。

莊心亨嘉之　賁隅

姚熊光曉谷　四會

爲甚呼龍目，溪頭萬樹懸。疑從鮫室取，狀極水晶圓。父祖原同荔，虬珠可結緣。真堪傳不朽，斯譜訂精研。

張岳崑仙山　定安

群龍昨夜出龍宮，飛上灣頭嚇煞儂。忽訝元精光炯炯，萬千龍眼射波中。

黎成華篤園　南海

荔入中郎譜，千秋尚宛然。如何旁挺出，不與側生傳。佳果均同味，嘉名足比肩。只今驚獲見，巢甫著新篇。

李素澹人　端州

生長天南龍眼鄉，巢阿作譜細端詳。補脾益智多馳譽，時到秋來顆顆黃。

馮景華韶石　貢隅

品題旁挺著新篇，生長南方七月天。老我頻年多益智，胸中留得智珠圓。

馮昕華曉巖　貢隅

新譜翻成亞荔支，龍眼名。搜將龍眼記依稀。點睛賴有巢阿筆，風雨還看破壁飛。

馮晴華柳橋　貢隅

可堪龍目未分明，破壁還須待點睛。不是巢阿游戲筆，荔奴誰爲洗污名。

謝光熊星垣　貢隅

龍眼秋來正上糖，纍纍實結綴江鄉。個中滋味誰參透，博物淹通數趙郎。

程倬桂香輪　廣寧

龍眼生來照眼明，却從何處點龍睛？欲教破壁能飛去，須付巢阿譜已成。

陶克昌綏之　貢隅

荔支與龍目，二物本同族。胡爲呼作奴？晚熟。

張婉婉麗春　順德

女兒幼小不出閨，安知龍眼花正齊。離離結子宛在目，千枝沿岸著雨低。焚香檢讀龍眼譜，有如龍目争快睹。誰云質味與荔殊，應知異出同父祖。小樓倦繡倚曲欄，黄金顆顆如彈丸。摘來思欲抵鵓鴣，尚想枝頭仔細看。

王鼠姑妙香　順德

旁挺何因據所云，蜀都龍目未前聞。廣南番順由來盛，作賦應商及左芬。

道人李亦仙　羅浮

龍眼即龍目，後於荔支熟。何得呼荔奴，纍纍珠一斛。

老頭陀去塵　海幢

水晶丸綴顆顆圓，時與荔熟相後先。及秋摘取薦瑚俎，乍疑星隕浥露鮮。頭陀打坐飢腹轉，欲啖未得將垂涎。老僧作此龍眼供，與佛有因還有緣。是誰作譜精且覈，我聞檀越巢阿編。他年若再稽譜系，定以此譜偕流傳。

洪玉璠如虹札　賁隅

接讀手教，屬作《菸經》并檳榔、龍眼兩譜題詞，敬聞命矣。但弟久業岐黄，幾不知詩爲何物。足下肯容藏拙否？無已，弟亦惟知方書内，煙草一名相思草，可治風寒濕痹、滯氣停痰、山嵐瘴氣。其入口頃刻而周一身，令人通體俱快也。若檳榔則破滯散邪，攻堅去脹，消食行痰。見説嶺南多瘴，以檳榔代茶，其功有四，故亦名飢飽子云。至龍眼則益脾長智，保血養心，故歸脾湯用之行血歸脾，所以名益智子也。三者皆有功於人，予之所知惟此而已。草草録之，以應台命，或即以是塞責可乎？

如虹頓首。

校勘記

〔一〕「楊如溶」，原作「楊汝溶」，據《檳榔譜》《菸經》改。

〔二〕此字漫漶難識，疑爲「人」字。

〔三〕「翰山」，《檳榔譜》《菸經》作「翰生」。按，張岳崧，字翰山，亦署翰生。

龍眼譜自序

粵中佳果，荔支與龍眼齊名，古人品題荔支不下十數家，至有爲其作譜者。相傳蔡氏君謨譜荔支爲尤著，獨龍眼則闕然無聞。雖亦間附於荔支譜内，未免詳於此而略於彼，予甚惜焉。以予生長於粵，且爲童子時恒釣游於韋水之鄉。韋水故多龍眼，沿岸而種，傍水而栽，迤邐周回數百步，中無雜樹，陰森茂密，結子離離，鄉人以是爲業。予少目之所見，耳之所聞，日習其間，因悉其種植之法、名號之詳、食味之美。有謂其次於荔支，謂其可敵荔支，又謂其利反倍於荔支，不可不爲譜傳之，而代彼一洩其荔奴之誚者，用著於篇。時道光五年歲在乙酉春三月穀旦，賁隅趙古農巢阿自序於抱影吟軒。

龍眼譜

賁隅　趙古農　巢阿著

龍眼自尉陀和荔枝獻漢高帝，始有名。見《西京雜記》。一名益智，見《廣雅》。一名比目，見《吴氏小草》。一名圓眼，一名蜜脾，一名燕卵，一名繡水團，一名川彈子，一名亞荔枝，一名荔枝奴，見《果譜》。一名虎眼，見《彙苑》。一名海珠叢，見《清異録》。一名鮫淚，一名木彈。見《本草》。結實甚繁，剖之色瑩白如水晶丸，核映於外，味亦甘美，但風韻微遜荔枝。而性畏寒，立秋後方可采摘。甘平無毒，安志健脾，補虚開胃，裨益聰明。故食品以荔枝爲貴，而資益則龍眼爲良，蓋荔枝性熱而龍眼平和也。

昔左太沖之賦蜀都也，曰：「旁挺龍目，側生荔枝。」龍目者，即龍眼也。然惟閩越間有之，賦蜀都而責土物之貢，不自知其失者，此所以來後人之議歟？近時人有自蜀來者，或問有此二果否，彼云間亦有樹，苦不結實也。

《魏史》文帝詔曰：「南方有龍眼、荔枝，果之珍異者，詔令歲貢焉。」先是，漢永元間，唐羌上書，曾止與荔枝同獻。至魏不能，復弛其禁，則珍異之足爲累乎？

嵇含《南方草木狀》云：「龍眼，樹如荔枝，而枝葉較小。殼青黄色，形圓如彈丸，核如木梡子而不堅。肉白而帶漿，其甘如蜜。一朵五六十花，作穗，顆粒類葡萄然〔一〕。」洵南方之果而珍異者也，北人未經見，有終其身而不知味者矣。

《果譜》載荔枝以林檎爲兄，石榴爲弟，龍眼爲奴，蓋緣荔枝先熟，而龍眼繼之，恒熟於初秋之候云。況又因其色與香味皆不及荔枝，故以奴呼之。然未免唐突龍眼，稱謂有所不甘，然則以之相比較，其應在伯仲之間乎？

龍眼以順德之陳村、北滘爲上，番禺韋涌次之。南海之平洲〔二〕、三山而東一帶，亦多龍眼樹。然始種者，必經博接乃子。春末夏初開細白花時，須拗其花頭，通其頂，疏其氣，名曰「省花」，結子乃甜且大而多。諺云「荔枝龍眼，十花一子」，皆言其花繁而果稀也。又曰龍眼屬水，宜向陰。熟於秋，秋屬金，得金之氣，金以黄爲純，故其色黄。肉白而核黑，水在金中也。水在金中，故其性寒。所謂龍眼獨從陰處長者，此其所以爲陰而得金水之精也。

龍眼初著花時，春夏之交，最忌夜雨，太多則花頭十落其七，名曰「滑枝」。枝一滑而能實結者鮮矣。

予嘗舟過水村，凡鄉落間基圍上多種龍眼，一望無盡。每歲尤須倩工澆糞挑泥敷之，培作一墩，所謂沃其根而枝葉自茂，結實多而且大也。然更以近人氣者爲易長，故村邊樹人多憩其下者果愈美云。

始種龍眼法有二，曰挨口，曰露核。挨口者，園丁取鮮泥曬乾，碎之，加糞，以成熟之龍眼核埋鮮泥中。俟其發芽，經兩年間，樹長七八尺，幹如箭竿。自初葉至杪葉，層層不脱，乃爲好樹仔。然後將樹仔連根鍬起，用禾稈包固之，使泥不脱裂。移至大樹旁，盡將其葉撇去。其杪選大樹壯枝，略省其葉，只留其巔葉一兩片，將老枝削去一邊，附以樹仔之禿杪，二者相合無縫，札以繩草，使合爲一，用他葉包裹，不漏風，不沾水，不使日曬，數日一澆，樹仔之生氣接矣。一月後兩枝粘連，遂用快刀割斷大樹老枝之根本，而樹仔已借杪生矣。隨將樹仔移栽他處，再用禾稈密纏其身，防烈日曬、狂風侵，不快大也。是謂挨口。若露核者，非有意於露核而不挨也，或偶遺忘挨，或挨而不成，然是時樹仔已大，故姑任其生長耳。顧挨口之樹，其果繁，露核之樹，其果少且肉薄殼厚，味亦淡，不及挨口樹之佳也。

龍眼多食益智，故名益智。聞閩中熟時兒童食之則肥，廣中兒童多食患瘕，故以焙乾者爲貴。其黄皮者，子大，皮黄而薄滑無點；青而有點者，子在大小之間，皆甚甜。又最大者，名孤圓。次金字、山字、南字。小者爲蜜糖埕。遲者又唤秋風子。外此更有十葉、青皮、花殼之號。凡結子每一年多，則一年少，謂之養樹。歲歲豐腴，則樹易衰。養之而後，經久不壞，子且繁大。此果性之善於自養也。予曾記前人有詠益智詩曰：「采摘日盈筐，香生比目房。食之能益智，本草有仙方。」殆即謂此歟？

粤之龍眼，當以十葉爲第一。十葉之名，俗訛作「石硤」，石與十音類，硤與葉音似，其實此種則名十葉。蓋凡龍眼葉，或七片、八片一椏不等，而此則一椏十葉，故因以是别其種也。又凡龍眼莖幹，其皮膚皆泡起如鱗，惟十葉皮泡起細如薯皮。核色如金漆，他種核則如黑漆耳。其肉白而脆，其味香而甜，剥去其殼，以紙裹之，行數里而紙不濕，此真十葉也。曬子令乾，則肉皺如皺紗，經火焙則不皺，味且減矣。韋涌一帶，皆有此種，而平洲所種尤多云。

蜜糖埕者，品亦佳，而果略小。其甜如蜜，猶以果置糖中，濡染久，取出而吮之，其味彌永，故名。粤中此種不可多得，應與十葉相比。

秋風子者，意及秋而始熟者也。秋風一到，果方上糖，凡種俱先，惟此遲出，故因時而名之。然詢之土人，實無此種名目也。

青皮，皮作青黄色，而青色居多，故名。青皮肉似薄，而味頗香。此種處處有之，亦自可啖。

花殼，殼帶花紋，肉味亦與青皮等，今城市所售者每多此種。

孤圓，形質最大，肉雖厚而味覺淡，不甚見佳，然人見者無不愛之。及一剥而漿液流出，徒有其表，無所取焉。

閩中龍眼固佳，而品尤見稱者爲桂圓。賈客嘗以乾者來販於粤，形之大與粤之孤圓同。然同而不同，孤圓何能比其萬一？蓋其色黄，其肉厚，味清而香，如桂之馥，粤中十葉堪與比肩。惜乎鮮者遠莫致之，而佳處應可想其味也。

世言龍眼閩勝於粤，固矣。然其所以勝者，人未必知。今就粤論，何地無美種邪？況閩亦何嘗處處皆美？第以其性言之，粤爲離位，屬火，性猶帶熱，不及桂圓平和。故入補劑者，必以桂圓爲尚耳。非謂其品爲遠勝也。

昔東坡先生居嶺南，日食荔枝三百顆，未聞及於龍眼，然亦曾評之云：「荔子如食蝤蛑大蟹，斫雪流膏，一啖可飽。龍眼如食彭越石蟹，嚼嚙久之，了無所得。然酒闌口爽饜飽之餘，則咂啄之味，石蟹有時勝蝤蛑也。」立論最爲平允，且足爲荔奴解嘲也。

坡公又嘗於廉州謂龍眼質味殊絶，可敵荔枝，作詩稱之曰：「龍眼與荔枝，異出同父祖。端如柑與橘，未易相可否。異哉西海濱，琪樹羅元圃。纍纍似桃李，一一流膏乳。坐疑星隕空，又恐珠還浦。圖經未嘗説，玉食遠莫數。獨使皴皮生，弄色映琱俎。蠻方〔三〕非汝辱，幸免妃子污。」坡公之詩，是固然矣。然《新語》所載，謂龍眼廉州者尤美，則未必然。蓋坡公亦偶於廉州食之云，然假其得平洲十葉食之，又不知作何品評也。抑當時平洲之種尚未出，或出而坡公未經見，惡得以廉州尤美許之？是未細審耳。

《潮州府志》有大荔、細荔之目。大荔者，荔枝也。細荔者，則龍眼也。以龍眼本荔枝之族，特具體而微耳，故曰細荔。此説不免附會，蓋荔自荔，龍眼自龍眼，皆爲地土所宜，何得二而一之？毋亦泥於坡詩所云「異出同父祖」之一説邪？

宋劉彦沖子翬有咏龍眼詩云：「幽姿旁挺綠婆娑，啄咂雖微奈美何。香割蜜脾知韻勝，價輕魚目爲生多。左思賦咏名初出，玉局揄揚論豈頗。地極海南秋更暑，登盤猶足洗沈疴。」〔四〕是作細意熨貼，可謂工於賦物也。

明王象晋嘗輯《群芳譜》一書，其咏龍眼又有云：「來從炎徼登瑚俎，滿案芳馨總莫逾。崖蜜縱甘終帶酢，江瑶雖美未全瑜。騷人賦就芳名遠，漢帝移來貝葉敷。較烈側生應不忝，何緣喚作荔枝奴。」其二曰：「何緣喚作荔枝奴，豔冶豐滋百果無。琬液醇和羞沆瀣，金丸的皪賽璣珠。好將姑射仙人産，供作瑶池王母需。應共荔丹稱伯仲，況兼益智策勳殊。」二作亦堪與彦沖相敵，均爲龍眼知己，一洗荔奴之污。

焙龍眼作果乾法，擇空室一所，在僻地處，下以浮炭引火，上用老糠蓋之，緩其火勢而炙之。兩旁用竹筐鋪於土炕之上，每筐盛果三四百觔，密圍四壁，不令通氣，火悠悠然。焙至兩日一夜，反覆挑撥之，果乾而後止。又恐其過焙傷火，則肉焦而苦不堪食。是在老手精於焙者，然究不若生曬之果爲尤美也。

龍眼生曬比火焙者更佳，以其無火氣，食之尤見效於補心、潤肺、温中也。但須風日晴美，長空無雲，先曬十日八日不等，令其肉乾，後用微火一焙，令其核無生氣，則久藏不潮，且不減味。而十葉肉厚，尤難透入，況其種復難得。大抵曬、焙二者，均多以青皮、花殼，取其易乾水也。

龍眼當開花時，估計者視其花，已知其實之多少，因而判之，是曰「買焙」，其人名曰「焙家」。及初秋成熟之日，焙家又酌於村口水陸當衝處，結一大茅廠，四路遣人采買，或俟賣果者船泊埠頭，以番蚨易之，謂之「龍眼市」。隨買隨焙，焙乾以板箱縛束，載以過嶺，又曰「果箱」。販此果者，家每多致饒富云。

果箱之外，又有一種剥肉成泥，捶合作餅，包固，以便攜帶者。更有將肉捶爛，盡去其渣滓，復熬作膏，入罐以出省者，此養心葆血，歸脾湯用之而入藥者也。販此者，利亦加倍。但作餅、熬膏，此果均於焙時多傷火氣，不堪用者。粤賈每藉以欺外省人，食之有損無益，是又不可不知也。

近時順德黄虚舟丹書先生爲諸生時，歲考經古，作《龍目賦》，甚爲提學李雨村見賞，載入《觀海集》中，其詞曰：「緊夫瘴海氤氳，粤山盤礴。産奇木之繽紛，緬佳果之參錯。春華秋實，恒同歲計之供；雨裛風披，早幸靈根之託。成陰而緑雨頻過，綴子而異香時作。不須博物之志，名訪張華；但覓種樹之方，書鈔郭橐。即如龍目，肖象堪夸。或號荔奴，嘉名誰污？步出江村之外，掩映如雲；望斷蔀屋之邊，溟濛如霧。若論花相，天然月旦玉盤盂；佇待漿成，共解品題羊酪乳。冥搜南食，未入昌黎之詩；誤播芳聲，曾憶太沖之賦。則見翳平岡，連廣隰。當晨露之易晞，際午煙之初襲。千頭累墜，恍如丹荔堆盤〔五〕；萬顆匀圓，還似櫻桃滿笠。黄比支郎之眼看來眸，豈惟雙圓；分漢女之珠量去斛，真盈十爾。乃向閒園而偃仰，攜美酒以流連。秋瓜而并剥，儷夏果而常鮮。青眼相看，結芳緣於此日；旁挺可賦，訊舊植以何年。王孫之金彈未拋，猶堪射鴨；驪頷之奇珠可得，不用探淵。彼大棗下纂纂，櫼梨鬱鬱，不同類而芳，不并時而實。作伴應熱龍涎，先驅豈僅盧橘？中庭兒女，飣將七夕之筵；滿座賓朋，香發五更之室。論大小如落盤珠，甘中邊如啖石蜜。更投我以何如，信可口而莫不。蓋異味久詫乎北客，而佳色早標於南離。供官課而特選，卜有年而早知。冉冉向陽，早慮狂鼇集樹；纍纍著雨，時防巨蝗沿枝。昔日東坡至斯，云與離支同祖；後來竹垞嗜此，竟將昌歜比其。夫是以溯嘉種之由來，辨美名之所出。擲去雲中，白塔疑舍利之騰光。攫來洞裏，黄龍訝雙睛之欲失。匪龍荔之同稱，詎魚目之可比〔六〕。因人而重，未減傾城之妹；體物未工，聊試雕蟲之筆。」

猶憶予少時，塾師命予作《荔枝奴》詩一首，予時心怏怏然，謂不宜以奴稱之，作詩曰：「緣何傳喚荔枝奴，同祖曾經紀大蘇。美種已馳江北愛，賤名偏被嶺南呼。争夸龍目形惟肖，雅許瓊漿味特殊。應語詩人稱伯仲，側生旁挺亦齊驅。」附記於此。

有客坐談粤中佳果，荔枝而外，厥惟龍眼，因爲客賦之曰：「有果之美者，纍纍兮其狀，實結離離。名錫以龍目，祖同於荔枝。稽五嶺之所産，夸十葉而何奇。溯先秋而吐蕊，及當秋而綴枝。蓋金精所凝聚，故玉液之如飴。試行村外，還望溪邊。千頭累墜，萬顆匀圓。緑成陰而過雨，黄作色而蔽天。防沿枝之巨蝗，聽吟樹之孤蟬。既小摘而盈手，因輕嚼而可口。味實甘而分嘗，香始散而乍剖。啖中邊如石蜜之甜，落大小如盤珠之走。此泣於鮫者曾幾何，而探自驪者亦其偶。爾於時涼雨初收，涼風乍起。感七夕而瑶席陳焉，屆中元而芳緣結矣。愛花穀之鮮新，羨青皮之甘美。或取之而觀其肖形，或嘗之而動夫食指。則疇不以王孫之金彈爲稱，吾更謂漢女之明珠可比。夫何？作賦見稱乎旁挺，失詞猶并乎側生。污兹美種，作此迂評。第秋中而實落，入夏杪而質成。擬之議之，未免屈以荔枝奴之號；惡乎宜乎，盍亦與以秋風子之名？矧難混夫魚目，自堪訝夫龍睛。然則問解渴於梅子兮，何如啖此，而若浥仙露於金莖也。」

校勘記

〔一〕「一朵五六十花作穗顆粒類葡萄然」，嵇含《南方草木狀》（叢書集成本）卷下《龍眼樹》作「一朵五六十顆作穗如蒲萄然」。

〔二〕「平洲」，屈大均《廣東新語》（續修四庫全書影印清康熙水天閣刻本）卷二十五《龍眼》作「平浪」。

〔三〕「蠻方」，王文誥《蘇文忠公詩編注集成》（續修四庫全書影印清嘉慶二十四年武林韻山堂刻本）卷四十三《廉州龍眼質味殊絶可敵荔支》作「蠻荒」。

〔四〕「幽姿」，劉子翬《屏山集》（明正德七年刻本）卷十六《龍眼》作「幽株」，「香割」作「香剖」。

〔五〕「堆盤」，李調元《粤東觀海集》（廣州大典影印清乾隆刻本）卷二《龍目賦》作「堆盆」。

〔六〕「可比」，《粤東觀海集》卷二《龍目賦》作「可匹」。

龍眼譜跋

琥不肖不能，讀父書，猶憶少時日尋棗栗，與阿兄相嬉戲於母前，母恒以果乾啖我。當其幼，啖不知味，但覺食焉不厭，竟忘其爲吾粤佳果也。及長，始悉果乾者即龍眼肉也，而龍眼中尤以十葉爲最，然究不可多得，鮮有出於外省者。秋熟後，向家園摘取嚼之，北人罕知其味美若此也。家大人復於著《檳榔譜》畢，又連譜及龍眼也，以爲蔡中郎曾譜荔支，而遺厥龍眼，因繼中郎而續成之。兹付剞劂，命同校刊，謹贅筆焉。季男光琥敬跋。

檳榔譜

檳榔譜序

高序

貴筑高廷瑶青書撰

予向時閲方書，載檳榔爲去痰、消食、禦瘴之物。亦名飢飽子，所云飢能使之飽，飽能使之飢者，意其爲物也，只可入藥，而惡知其功用尤不止於此者邪？況其形生之異，苟非産於瓊南者更莫知焉。迨自入粤以来，乃恍然於粤之風土，凡婚嫁與敬賓不離此物，即排難解紛者，亦皆需此[一]，而地土所出則又瓊南爲獨。噫，一微物耳，其功用如此[二]，播之遠方又如此，信乎檳榔之爲世[三]用而不囿於方隅也。惜無有爲之作譜者，惟巢阿能一一以傳之，且就其所生而形容之，使人如見其樹，如見其形，則檳榔之幸而亦格物之學也。予暇時亦或咀嚼之，而究不若粤俗之多所嗜焉。試爲按譜尋繹之，則惡得以物之微而棄之，故因巢阿屬爲序而表揚之，夫人與物有相得而益彰也如是夫。時道光五年歲在乙酉仲冬朔後長至日，書於五羊郡齋敬慎堂。

方序

天下無必不材之男子，故戚施、籧篨、侏儒、矇瞍、聾聵之屬，皆見取於官師。天下亦無必不材之草木，故棕櫚、蒲葵、椰子、菅茅、蘋藻之類，悉見用於人世。苟以其不材而概棄之，則不材誠不材矣。若因其不材而酌其材以用之，則不材者亦材矣。檳榔一樹，產於南徼，其性不耐霜，其幹中空，鮮梁棟之任；其葉聚木端，少婀娜之態；其房礧砢，輸桃杏之色；其實澀口，無梨棗之味，只蕭條兀傲於蠻風瘴雨之鄉，僅與棕櫚、蒲葵、椰子相伯仲。倘移與楩楠杞梓、桃李梅杏較短量長，比色論味，不猶戚施侏儒之與魁梧奇偉者媲美哉？故《禹貢》所不登，廊廟所不享，三代以前聲稱寂如也。兩漢以來，其名漸綴詞人之筆，六朝而降，啖其實者始遍中土，功用遂著於醫方，形狀遂詳於俞益期《與韓伯箋》諸書，夫然後人皆知檳榔之非不材木也。惜述而不詳，猶屬恨事。今巢阿子廣搜博引，輯成此譜，誠有意也。夫粵中山林藪澤，不少畸人碩士、嘉卉奇葩，第或則弢光晦跡，或則因瑕掩瑜，故古人之不及搜羅而忽之，後之人因其鄙野而薄之，則不特不材者終於不材，即懷材者亦溷於不材矣。使得人爲之表揚幽滯，安知此邦人物不足見稱於通都大邑賢士大夫之口邪？所慮求其人而未得耳。巢阿績學既富，以是譜爲嚆矢，將來續纂《嶺南人物志》，庶彰吾粵人物菁華之盛歟？周本處夫材不材之間者也，尤日望之矣。道光五年歲在乙酉六月九日，愚弟荷蕩舟子方仰周拜題於蠅鬚館。

梁序

巢阿子示予以所著《檳榔譜》。此物予稚年亦酷嗜之，嗣以其燥肝木、善動陽明火，每啖則目眩頭疼，非食肥濃之後，概不敢入口，雖作客亦却之，宜乎俗有「飢飽子」之稱也。曾憶與果僧某翁鄰居，細詢檳榔爲物何居，翁曰：「其物本一名而異類，尖而瘦者爲檳，短而肥者爲榔。檳，牝也；榔，郎也。類陰陽而同托體一木，故訂婚者義取諸此，猶之取扶留蔓生，不過別家，胡麻得夫婦同種，始得繁茂，非珍其爲土產也。惟狀象雞心者不良，食之每每頂心閉氣。」問何以有此種，答云：「亦猶果中之有節核者耳。」又予嘗赴親串家食聘酒，間有咀嚼而甘香者，老嫗必援諺云：

「檳榔甜，郎必賢。」迨驗其嫁後，往往不爽，味澀者反是，斯亦果品徵應一稀奇事也。巢阿索爲弁言，予因筆其譜内所未逮者而歸之。時道光五年歲在乙酉秋九月，形庵梁上蟠拜序。

校勘記

〔一〕「即排難解紛者亦皆需此」，「即」「解」「皆」三字底本皆漫漶難識，「需」字爲蟲蛀空白。居影《有關趙古農〈菸經〉等三種譜録的題跋》一文（載於《廣州史志》一九八七年第二期）收録有清道光九年刻本《檳榔譜》的《高序》全文，兹據以補。

〔二〕「一微物耳其功用如此」，「耳」字底本漫漶難識，「其」字爲蟲蛀空白，據《有關趙古農〈菸經〉等三種譜録的題跋》補。

〔三〕「爲世用」，「世」字底本漫漶難識，據《有關趙古農〈菸經〉等三種譜録的題跋》補。

檳榔譜題詞

錢塘　姚祖恩柳衣

人惟土物愛，物亦以人傳。輯就成斯譜，閒來著是篇。甘香能禦瘴，咀嚼自流涎。不有巢阿子，安知顆顆圓。

武林　王衍梅笠舫

問俗來南海，仁頻出海南。桄郎同庇蔭，椰子共分甘。名愛呼飢飽，功傳辟瘴嵐。紅潮驚暈頰，一醉助清談。

仁和　繆艮蓮仙

海南風味異他方，少小生來瘴癘鄉。齒黑唇紅緣底事，兒家性愛嚼檳榔。

何物纍纍共款賓，雕盤捧出意相親。遞來一口心先醉，但送檳榔便締姻。

楊如溶秋舫　武林

見説檳榔狀若何，著成斯譜趙巢阿。而今始識檳榔性，瘴雨蠻煙結子多。
我生不解檳榔味，人道檳榔味亦甘。甘苦由他風俗慣，朱丹牙慧笑瓊南。

朱鵬季禽　湘潭

周行闤闠觀民風，檳榔載道處處同。笑問旁人此何物，彼云邂逅表恪恭。解紛排難亦需此，更乃婚聘情相通。爾時我正初入粤，不解檳榔有斯説。一從巢甫著爲譜，可佐同儕作談屑。能言人所不盡言，那許狂傖再饒舌。

薛璋東園　雉皋

檳榔幾樹海南多，新譜翻成曲揣摩。細嚼一回還細讀，能開腸胃自清和。

蔣田稻卿　嘉興

往時閲方書，略識檳榔性。此物生瓊南，惟粤稱最盛。味澀貌嚴冷，名實互相稱。

不解世俗情，用以聯二姓。且并客到初，尤以此爲敬。巢阿品題之，其譜乃斯定。

吴履謙太極老人　西蜀

南人愛食檳，北客食多變，霎時眼昏花眩。

筐筐纍纍聘彼姝，明珠十斛也輸渠。檳榔豈是尋常品，譜録何容闕此書。

劉彬華樸石　貢隅

此樹無枝挺作林，遍生瓊島萬山深。實兼椰子甘同嚼，高并桄榔影共陰。有客采風曾過問，如君博物獨搜尋。我慚土著幾忘味，想見陰何苦用心。

張岳崧翰生　定安

客至捧茶煙，檳榔繼上筵。自來三物備，久已四方傳。數典多忘祖，編書啓後

黄廷彪炳禺　南海

賢。更名飢飽子，入口豈徒然。

劉華東三山　貢隅

苦盡甘來味美回，檳榔苦盡没甘來。巢阿作譜真相似，似爾無甘苦告哀。

鄧淳樸庵　東莞

巢阿著菸經，復作檳榔譜。曾結煙火緣，忽訝紅潮吐。此物生瓊南，北人畏其苦。咀嚼唇染丹，風俗云已古。盛來薦上賓，嚴冷絶媚嫵。

楊麟仁石　貢隅

雅愛檳榔重粵鄉，和灰和葉客分嘗。譜成人識巢阿子，一藝名夸足擅場。

潘定瀾柳塘　長寧

天南嘉果説檳榔，餉客尋常禮意將。簫鼓況逢婚嫁鬧，金盤競薦耀新妝。

南椰生就配扶留，屈翁山有「檳榔與扶留同」。味到咀餘美更收。鳳卵詩傳蘇玉局，巢阿人譜續風流。

謝嘉猷坡山　賁隅

童年嚼檳榔，嚼罷面發赤。唇紅齒染丹，味澀阻胸膈。詎意劉穆之，乃有檳榔癖。試爲搜方書，未始無獲益。斯物生瓊南，君譜精考覈。

黄景星熠南　岡州

菸經曾著物情諳，又譜檳榔作劇談。不是才人傳妙筆，安知奇種出瓊南。

黎蘭因心香　嘉應

不到瓊南島，那諳物産奇。檳榔形獨異，瘴癘氣能醫。實結何多子，林高却少枝。嚼來微著齒，味苦我先知。

李汝梅雪庵　岡州

粤俗由來重檳榔，聯婚禮客遍蠻鄉。瓊南土産兼椰味，細嚼甘回舌本香。

方穎廉清曹　貴隅

人間佳種遍瓊南，按譜從今仔細參。兩字仁頻仙藥録，覺他滋味不全諳。

張岳崑仙山　定安

檳榔從古見方書，此物吾鄉遍市閭。誰識土宜功用廣，譜成巢甫實權輿。

莊心亨嘉之　貴隅

海南不特口塗脂，果結檳榔用最宜。婚娶壓筐爲聘物，至今猶重表多儀。

黎成華篤園　南海

檳榔滋味好者幾，半吐半吞聊復爾。不解南人癖在兹，和葉和灰嚼甘旨。溯從此物生瓊南，高挺無枝萬山裏。樹并桄榔椰子林，瘴雨蠻煙多結子。不道巢阿代作譜，此物於焉識終始。吁嗟乎！世情甘苦恒如斯，苦盡甘來吾所知。

姚能光曉谷　四會

本同一木判陰陽，檳作賓還榔作郎。怪得人呼飢飽子，也曾甘苦我先嘗。

謝光熊星垣　貢隅

檳榔聞道出瓊南，味别酸鹹與苦甘。嗜好無多緣澀口，個中形象有誰諳。

周履蟾秋浦　貢隅

我聞檳榔樹，結子高無枝。堅頑一著齒，物久恒相思。嚼時或半吐，苦盡甘自知。我癖方古人，擬以劉穆之。

馮景華韶石　貴隅

譜出檳榔口澤鮮，耐人咀嚼是瑶篇。雞心鳳卵瓊南産，争似巢阿字字圓。

馮昕華曉巖　貴隅

能飢能飽是仁頻，渾似先生身外身。喚作巢阿無不可，懷才原自寫天真。

馮晴華柳橋　貴隅

紅潮登頰汁初勻，和葉和灰易醉人。譜出瓊南風味好，一回咀嚼一精神。

陶克昌綏之　貴隅

少小食檳榔，雅愛檳榔好。誰道檳榔香？多燥。

李　素澹人　端州

生來味澀是檳榔，我本南人却少嘗。珍重巢阿爲作譜，翻從人棄細端詳。

小院評花倦繡初，閒中覓伴且看書。偶然檢閱檳榔譜，料得才人戲筆餘。

順德　張婉婉麗春

曉妝才罷姊相邀，笑擲檳榔手自招。檢點唾壺渾欲醉，斗然雙頰暈紅潮。

順德　王鼠姑妙香

檳作賓傳喚，榔猶呼作郎。訂婚和款客，珍重已名將。

羅浮　道人李亦仙

走遍天涯到海南，檳榔曾見樹高參。無花結果真殊異，著齒生津備苦甘。名以賓門堪辟瘴，産從黎母亦消嵐。巢阿自是嵇含手，按譜尋思玩再三。

道人厂广子

懶僧日對檳榔譜，不解檳榔味若何。飽飯只憑消食盡，蒲團跏坐誦彌陀。

老頭陀去塵　海幢

己丑春初，巢阿過訪，謂近有《菸經》并檳榔、龍眼兩譜之刻，屬予題詞。予時心緒如棼，未暇操筆。顧生平有嗜食檳榔之癖，見獵且爲心動，因僅附檳榔小詩於譜後云：「巢阿作譜譜檳榔，我所思兮那可忘。人道檳榔味羞澀，我謂檳榔散瘴濕。飢能使飽飽能飢，如何令我不相思。閒中咀嚼渾不厭，翦刀落翦分片片。不妨長作嶺南人，此物由來嶺表珍。」謹珍復之。朗川再拜。

李仲瑜朗川札　貴隅

檳榔譜自序

粤爲古蠻區，而海南則處南之極，地氣恒如春夏，物性喜暖易生，故所生之物與他處異。土人以是作貿易，田畝大半種此，因藉以資輸納焉。即如檳榔，惟海南有之，而産於瓊、崖、儋、萬、樂會、會同諸州縣爲多。故生斯土者，人多啖之，且日習其性，堪入藥，而又地氣薰蒸，非此無以祛其瘴癘，一日常啖竟有至數十口而弗止者，則俗使之然也。予生長於粤，未嘗一見斯樹，惟繁然者與目遇，若纍纍然。凡賓客往來之禮，婚姻配合之緣，皆欲舍此而不得者。則詳其功用而核之，想其形象而考之，循其名，按其實，著其顛末而臚列之，雖非予之所嗜，不可不爲之譜。往者《南方草木狀》一書，權輿於嵇含，假而曰是譜也，克與爲敵，則豈予之所敢邪？時道光五年歲在乙酉春三月，賁隅趙古農巢阿自序。

檳榔譜

賁隅 趙古農 巢阿著

檳榔一名賓門，一名仁頻，見司馬長卿《上林賦》。又一名洗瘴丹。尖長有紫文者爲檳，圓大而矮者爲榔。榔力大，檳力小。陶宏景又謂其向陽者爲檳榔，向陰者爲大腹子。然亦不必細分，但以其狀作雞心，破之，肉作錦文者貴。其木大如桄榔，高五七丈，正直無枝，皮似青桐，節如桂竹，葉生木巔。若楯頭又似芭蕉，條脈開破，風來動之，如扇之摇。三月葉中腫起，作一房，因自拆裂出穗，凡數百實，實大如李，皆有皮殼。又生刺重累於下，以護其實。五月成熟，剥去其皮，煮肉曬乾，堅如乾棗，以扶留葉、牡礪灰同咀嚼之，吐出紅水一二口，則柔滑甘美不澀云。

檳榔種類不一，《本草》以小而味甘者爲山檳榔，大而味澀者爲豬檳榔。最小者爲蒳子，俗呼檳榔孫，又名公檳榔。圓大者爲母檳榔。其實未熟者爲檳榔青，青皮殼也。以檳榔肉兼食之，味厚而芳。熟者爲檳榔肉，亦名玉子。熟而乾焦連殼者爲棗子檳榔。以鹽漬之，爲檳榔鹹。暴之至乾而心小如香附者爲乾檳榔。食時鹹者宜削成瓣，乾者橫剪作錢，用相酬獻。

《鶴林玉露》載：「檳榔一物而功有四。一曰醒能使之醉。蓋言食之久則熏然頰赤，若飲酒然，坡公所謂『紅潮登頰醉檳榔』也。二曰醉能使之醒。蓋言酒後嚼之，則寬氣下痰，餘酲頓解，晦翁所謂『檳榔收得爲祛痰』也。三曰飢能使之飽。四曰飽能使之飢。蓋言空腹食之，則充然氣盛如飽，飽後食之，則飲食快然易消，又且賦性疏通而不洩氣，氣味嚴正而更有餘味，有是性故有是功。」玩羅氏言則此物似不可少。

粵俗凡聘婦者必用檳榔，施金染絳，以充筐實，然亦必用扶留佐之。扶留者，即蔞葉也，其藤緣墻而生。檳榔樹若筍竿，及顛吐樾。二物爲根不同，所生亦異，而能相成，互相爲用，比夫婦有相須之象焉。至女子既受郎家檳榔，則終身弗貳。而瓊土嫁娶，尤以檳榔多寡爲辭。彼哥羅國嫁娶，納檳榔爲禮，多至二百盤者，亦此意也。

又粵人最重檳榔，凡客至必先擎進爲禮，以作款客之具。若邂逅不設，用相嫌恨云。每見朋舊遇諸塗，握手道衷曲，亦必邀食檳榔，蘸礪灰，以蔞葉裹之爲奉。且鄉間[一]有鬬者，甲獻檳榔，則乙者之怒立解，其爲風土之珍如此。

今廛市間有粥檳榔者，若者爲大白，若者爲𥶓玉細切成片，又若者爲濕檳，別乎乾者言之。刮去其皮，四分以剖，列陳於肆，復以荖灰置於側，任人取攜。更有以椰子肉雜其中，使兼嚼之，入口甘漿洋溢，香氣薰蒸，真覺味美於回，無以尚之矣。往見海南人癖於檳榔者，朝夕不離口，以一小盒剪碎作細片，實其中，時刻取啖。又復不離手，夜則置於枕邊，醒隨嚼之，日久齒爲之黑。即非海南人而亦有好之，癖而嗜之深者，人皆目之爲檳榔蟲云。

檳榔固産於粤之海南，然外國亦多有之。《唐書·南蠻傳》：「環王國，取檳榔瀋爲酒。真臘國，客至，屑檳榔、龍腦香、蛤以進。婆賄伽盧國，土熱，衢路俱植椰子、檳榔，仰不見日。」而暹羅所産，則又曰「番檳榔」，大至徑寸，紋粗味澀。出交州者，又云形小味甘，然則究其所生，性不耐霜，不得北植，惟當遐樹南方焉已。

食檳榔之法，灰少則澀，葉多則辣，故貴酌其中。大嚼則味不回，細嚼則甘乃永，故貴得其平[二]。善食者以爲口實，一息不離。不善食者汁少而渣青，立唾之矣。予素不喜食，間或以口咀嚼之，必醉，渾身冷汗沸出，更比酒醉爲難受。人教啖生米數粒，以冷水送下，予偶試之，輒驗。此又不可解之事也。

檳榔生於粤，而客於粤者每不諳食，且多資其笑談，甚則嘲之。然考食檳榔者，不惟粤人。前此，梁有任昉之父矣，於晉則劉穆之矣，其酷嗜比粤人爲甚。昉之父遥，本性重檳榔，以爲常餌，臨終猶求之，剖百許口。昉獨感於此，後亦如曾子有不忍食羊棗之意。若劉穆之，微時嘗造妻家，食既求檳榔，妻之兄弟江氏誚之曰：「檳榔消食，君恒苦飢，何用此物？」及穆之任丹陽尹，則以金盤貯檳榔一斛，夸示之。然則往故有嗜之者，何止粤人爲然也。

海南人啖檳榔，以當果食，然亦可入藥用。蓋其氣味苦辛，温澀無毒，主治則消穀逐水，除痰澼，殺三蟲，宣和五臟六腑壅滯，除一切風，下一切氣，通關節，利九竅，健脾調中，去煩破癥結。其爲治，不盡述。《本草》又謂其能泄胸中至高之氣，使之下行，性如鐵石之沈重，墜諸藥至於下極，故治諸氣後重者更如神也。

宋東坡先生謫海南，日行儋耳間，目睹檳榔形狀，曾作《食檳榔》詩云：「月照無枝林，夜棟立萬礎。眇眇雲間扇，蔭此八月〔三〕暑。上有垂房子，下繞絳刺禦。風欺紫鳳卵，雨暗蒼龍乳。裂包一墮地，還以皮自煮。北客初未諳，勸食俗難阻。中虚畏泄氣，始嚼或半吐。吸津得微甘，著齒隨亦苦。面目太嚴冷，滋味絶媚嫵。誅彭勳可策，推轂勇宜賈。瘴風作堅頑，導利時有補。藥儲固可爾，果録詎用許。先生失膏粱，便腹委敗鼓。日啖過一粒，腸胃爲所侮。蟄雷殷臍腎，藜藿腐亭午。書燈看膏盡，鉦漏歷歷數。老眼怕少睡，竟使赤眥努。渴思梅林咽，飢念黄獨舉。奈何農經中，收此困羈旅。牛舌不餉人，一斛肯多與。乃知見本偏，但可酬惡語。」其後謫宦李綱亦來瓊土，賦《檳榔》詩云：「疏林滄海上，結實已纍纍。煙濕赬虬卵，風摇翠羽旗。飛翔金鸑鷟，掩映籜龍兒。蔆落嗤椰子，匀圓訝荔枝。當茶消瘴速，如酒醉人遲。荖葉偏相稱，蠣灰亦漫爲。乍餐顔愧渥，頻嚼齒愁疲。飲啄隨風出，端憂化島黎。」〔四〕蘇李之品題檳榔者，可謂得之目繫者矣。

南人喜食檳榔，謂其可以代茶禦瘴。夫瘴，誠可禦矣。無瘴而服之，鮮不損其正氣者，故朱晦翁之詠檳榔也曰：「憶昔南游日，初嘗面發紅。藥囊知有用，茗椀詎能同。蠲疾收殊效，修真録異功。三彭如不避，糜爛七非中。」朱子之意，亦與其治疾殺蟲之功殊，不滿其代茶之俗也。

明初，劉青田基先生初食檳榔，有詩云：「檳榔紅白文，包以〔五〕青扶留。驛吏勸我食，可已瘴癘憂。初驚刺生頰，漸若戟在喉。紛紛花滿眼，岑岑暈蒙頭。將疑誤腊毒，復想致無由。稍稍熱上面，輕汗如珠流。清涼徹肺腑，粗穢無纖留。信知殷王語，瞑眩疾乃瘳。三復增永歎，書之遺朋儔。」先生非南中土著，而檳榔之味知之若此，洵不誣哉。

明季又有黎太僕美周遂球曰：「檳榔生於海外，予粵人喜雜荖葉蜆灰嚼之。」作賦云：「美嘉實之貞烈，含文采於炎方。幹亭亭而直上，枝扶舉而疏張。涉南海以流望，見團蓋之徜徉〔六〕。摘鮫人之明珠，猶什襲而錦裝〔七〕。牽異草〔八〕而薦葉，朋翡翠於越裳。準削瓜以成瓣，或如錢而擲筐。疑獺髓與玉屑，并資嚼〔九〕而得漿。擬漱石而礪齒，勝含脂以爲容。於是集良友〔十〕，邀上賓，進鯉尾，獻猩唇。調甘選脆，嘉澹雪醇。龍華代燭，雞人遲更。觴羽倦而既醉，德味飽乎大烹。却易牙而不顧，視杜康以逡巡。并牽裾與捧袂，見微誠於華巾。結方勝以象物，翊則婕而首螓。香儼含乎雞舌，液半飲而霞蒸。酌腑臟之損益，導元氣以降升。是以靡俗不珍，無時不宜。託吉士以爲友，比白茅而包之。指摽梅以興感，佇斯焉之相遺。陳瓜果以穿針，懸艾虎而續絲。匪一端以調笑，即懷袖以寄怡。在凝寒而擁背，或立月而露滋。

忽温靄而如醺，惟丹丸之馥頤。彼嗡唇與唼舌，欒并枕於低帷。暢同心之蘭言，相吞吐而氣佳；笑貞士之苦節，采松實而緣阿。分藜藿之我安，適晚食而婆娑。詠素馨〔十二〕以不怍，歌無酒而可酡。從欒飢於衡門，亦回味以旨多。況鼎養之羅列，侑退食而委蛇。」太僕爲番禺人，而言之娓娓，足爲檳榔生色。物固因人而重也邪？

近時東莞庾泰鈞亦賦檳榔，李雨村提學曾選入《觀海集》，云：「維楚庭之絶域，俯馮夷之幽宫。市接蠻煙，人鮮栽花之俗；地迷瘴雨，家傳植木之風。望桄榔之萬樹，睹椰子之千叢。則有形似金囊，挺出猺村之外；狀如白蔻，蕃生夷島之中。原夫色譬青桐，不生空井；形均菉竹，詎掃山祠。聳直幹於雲間，豈受煙嵐之染；暨高枝於澤畔，何來霜雪之欺。葉聚林端，幹無柯而森秀；子結房外，苞有實而參差。既蕭疏之可愛，亦磊落而多奇。爾乃花開三月之天，樹蔭九真之洞。維山有木，亦可棲鴉；疾用無枝，何堪引鳳。只蔽日以陰凝，復臨風而影弄。籜堪爲扇，蒲葵自遜。其香華發於房，蛺蝶應迷其夢。夫其成實也，莖密綴而乍垂，棘重累而不斷。翠衣爲裹色，怪類於螺文；紫穗成懸實，大同於雞卵。千山鱗甲，蠻女拾顆成群；萬谷笙鐘，猺童扳枝結伴。豈一襜之不盈，洵傾筐之能滿。於是海客齊來，夷人畢集。入侍請朔，咸企望於仁風；奉貢獻琛，亦仰沾於化雨。數朱櫻之十斛，何羡顆顆初黄；貯紫柰之一函，尤怪團團未剖。何以紀從坡老，刺禦顔堅；底須賜彼梁王，充庖盈府。彼夫劉基初啖，猶來刺頰之驚；任昉不嘗，留作終身之憾。覽其篇什，尚欲貽之友朋；溯厥孝思，夫豈等於愚暗。蓋辟瘴〔十二〕之是甘，亦適口之不濫。乃若考萍實之呈奇，羡輕舟於似鷁；望荔支之入貢，歎飛騎以如龍。何若貯以金盤，既固齒之可愛；劈其朱實，尤餉客之堪供。豈其杖彼血唇，頓興飲食之訟；尤見潮來紅頰，足爲酒醴之從。於是擬以瓊漿，比爲玉乳。吸津始得其甘，著齒原無所苦。婚姻禮重，名傳諸夏之遥；瘴癘病消，香滿海南之浦。既博物而窮交廣之書，爰載筆而補群芳之譜。」又韶州譚爲光《咏檳榔》詩有云：「樹上層苞綴，窮年見緑柯。名傳江北遠，香羨海南多。餉客成風俗，宜人解瘴魔。更聞能固齒，咀嚼竟如何？」均爲雨村見賞云。

予往時曾擬作《檳榔》詞二首，兹因譜檳榔而轉憶之，附記於此，其詞曰：「檳榔生子實離離，荖葉和灰裹嚼之。著齒微甘涎半吐，南人不遺北人知。」其二曰：「客到檳榔列上盤，主人愛客客交歡。笑他風俗瓊南慣，口口相逢盡染丹。」又效奩體二首，蓋因粵中凡聯姻者，必先遞送檳榔以爲定云。其詞曰：「儂家生長住蠻鄉，惹得人呼嫵媚孃。解道問名先納采，土風珍重送檳榔。」其二曰：「一自檳榔到妾門，長長短短不須論。此身只合爲郎許，千里何妨遠結婚。」

校勘記

〔一〕〔一〕「鄉閭」，鄧淳《嶺南叢述》（廣州大典影印清道光十年刻本）卷四十一《檳榔》引作「鄉閭」。

〔二〕「平」，《廣東新語》卷二十五《檳榔》作「節」。

〔三〕「八月」，原作「九月」，據《蘇文忠公詩編注集成》卷三十九《食檳榔》改。

〔四〕「嗤」，李綱《梁溪先生文集》（宋集珍本叢刊影印傅增湘校定清道光刻本）卷二十四《檳榔》作「咍」，「蠣灰」作「蠃灰」，「隨風出」作「隨風土」，「島黎」作「島夷」。

〔五〕「包以」，原作「色似」，據劉基《誠意伯劉文成公文集》（四部叢刊初編本）卷十三《初食檳榔》改。

〔六〕「徜徉」，黎遂球《蓮鬚閣集》（廣州大典影印清康熙刻本）卷一《檳榔賦》作「彷徉」。

〔七〕「錦裝」，《蓮鬚閣集》卷一《檳榔賦》作「綿裝」。

〔八〕「異草」，《蓮鬚閣集》卷一《檳榔賦》作「異卉」。

〔九〕「資嚼」，《蓮鬚閣集》卷一《檳榔賦》作「滋嚼」。

〔十〕「良友」，《蓮鬚閣集》卷一《檳榔賦》作「良偶」。

〔十一〕「素馨」，《蓮鬚閣集》卷一《檳榔賦》作「素餐」。

〔十二〕「辟瘴」，《粵東觀海集》卷一《檳榔賦》作「解瘴」。

檳榔譜跋

珋讀書一無所成，日荒於嬉。竊見家大人手不釋卷，適當賦閒，偶著《菸經》，聊以自娱。復作《檳榔譜》以繼之，意謂檳榔生長瓊南，直省皆由吾粵運去，亦一土産物也，前人無有代爲譜者，故亦書之爲譜。譜者，鋪也。鋪叙其生質之異，及其功用所關，皆有裨於世人不淺，特姑存之，以待後之君子相指示焉。珋因校刊餘暇，綴數言於後。仲子光珋敬跋。

菸經

菸經序

高序

貴筑高廷瑶青書撰

儒者一物不知，引以爲恥，故古人於一名一物〔一〕之細，一草一木之微，莫不推本而窮究之，此致知尤必格物也。粵考菸之爲物，名號不著於《爾雅》，品格不入於群芳，人皆呼爲「淡巴菰」，蓋從明萬曆間由吕宋始入中土。自是以來，無地不種，無人不食。至我朝直省大行，幾有不可須臾〔二〕離者。昔陸季疵著《茶經》，傳之永久，若《菸經》，則未有著焉。豈以其物之微，而故忽之邪？第茶與菸，今已并行，胡得不爲之表彰也？賁隅趙子巢阿，予延在署訓迪兒輩，偶於案頭見其所著《菸經》，原原委委，極細且詳，然後知博物之譽，巢阿有焉，將不〔三〕脛而走，海内安見一物之不可以成名也？抑予聞巢阿著述甚富，而此一書則僅出其緒餘，所謂管中窺豹，時見一斑耳。因弁數語，俾付梓焉。時道光五年歲在乙酉仲冬朔後長至日，書於五羊郡齋敬慎堂。

繆序

今人日用飲食、酬酢往來，酒、茶與菸三者并重，而菸尤爲先務。無論貴賤男女，匪朝伊夕，蓋無時無地不作煙雲供養也。自《酒誥》著於經，後之言酒者夥矣。迨唐陸羽始有《茶經》之著，品茶之士知所考焉。若菸，則昉於明季，盛於國朝，寖寖乎充塞宇内。乃國初諸老間有吟詠，亦偶及之。要皆習焉若忘，未有求端訊末著爲經者，夫非食而不知其味乎？吾友趙子巢阿，爰著《菸經》以配陸羽，且巢阿著述等身，一物不知，引以爲恥，故於經經緯史之外，出其緒餘，冠以「徵引」「品題」，溯其源，區以「種植」「製作」「器具」「分類」「土産」「適用」，窮其委，秩秩然稱美備焉。復附《鴉片煙》，以昭炯戒，其用心亦良苦哉。夫事之常者爲經，與世之知有所考，聞之足以警世者，均可爲經也。吾知此書一出，非獨可配《茶經》，直堪上繼《酒誥》，豈得謂古今人不相及也邪？巢阿屬予爲序，予故弁數言，珍而復之，以付剞劂。時道光五年歲次乙酉孟夏穀旦，武林蓮仙弟繆艮書於羊城一厂山房。

校勘記

〔一〕「於一名一物」此五字底本空白。居影《有關趙古農〈菸經〉等三種譜録的題跋》一文（載於《廣州史志》一九八七年第二期）收録有清道光九年刻本《菸經》的《高序》全文，兹據以補。

〔二〕「須臾」，「臾」字底本漫漶難識，據《有關趙古農〈菸經〉等三種譜録的題跋》補。

〔三〕「不脛而走」的「不」字，底本漫漶難識，據《有關趙古農〈菸經〉等三種譜録的題跋》補。

菸經題詞

姚祖恩笏園　錢塘

多能爲愛子新編，始信金絲口口傳。味向閒中偏易醉，香於淡處却難捐。氤氳篆繞吾從衆，縹緲雲來人欲仙。安得公餘燈火共，一竿長管細論煙。

王衍梅笠舫　武林

一枝長管對孤檠，驀見煙雲眼底生。篆繞静騰風細細，霧横吹散月明明。美人香草同留種，高士梅花解立名。聞道巢阿才落筆，爲從愁裏著菸經。

繆良蓮仙　仁和

離騷香草著於篇，仿佛葩經細自研。煙火人間誰不食，底須辟穀學神仙。老負才華賦子虛，閒編爾雅注蟲魚。者番落紙煙雲吐，纂作人間未見書。

楊如溶秋舫　武林

巢阿著菸經，喜得未曾有。古哲云已遥，事寄千載後。一藝足成名，奚必三不朽。名以淡巴菰，人多不離口。有之何自來，吕宋出煙酒。溯明入中夏，閩土植殷阜。我聞陸季疵，已著茶經久。吐納煙雲生，繚繞左與右。何期樵柯子，一一爲分剖。賴此相後先，追配得其偶。

秦致中菊農　白門

泥人一種相思草，不入先農稼穡經。蔽隴遮籬葉葉青，吹來氣味比蘭馨。

朱　鵬南溟　湘潭

巢阿我生嗜好無所癖，癖在煙常手不釋。起居坐卧吞吐之，幽情惟愛適其適。巢阿雅意多窮搜，一經慰我風雨夕。淡巴菰亦可人意，韻事相傳莫輕擲。

薛　璋東園　雉皋

法製誰從火食傳，閒來噓吸盡雲煙。飲香作述真名士，補入先農草木篇。

蔣田稻香　嘉興

淡巴菰久味留馨，裊裊芬芬口不停。一自巢阿經已著，千秋猶得配茶經。

吴履謙太極老人　西蜀

無事得心閒，握管亦清賞。云何喚相思？想。

劉彬華樸石　賁隅

村前幾稜膏腴田，往時種稻今種菸。種菸利市可三倍，種稻或負催租錢。吁嗟乎，舍本逐末夫何爲，抛却玉粒營金絲。菸田日多稻田少，富家自飽貧民飢。近聞連阡植鶯粟，民命何堪更流毒。菸田近或改種鶯粟花，采製鴉片，其利尤倍云。手無斧柯當奈何，著書仰屋憐巢阿。

定安　張岳崧翰生

幾稜菸田弛禁初，溯來中夏勝於蔬。淡巴菰已家家種，擔不歸還處處鋤。一縷如煙同款客，四時非酒解愁予。近知利市恒三倍，爲藉金絲意自如。

潮州　楊廷科餘癡老人

巢阿子，石户農。德比玉，氣如虹。才繡虎，文雕龍。菸經此作伊誰擬，配古茶經桑苧翁。

南海　黄廷彪炳禺

從古菸無種，相傳吕宋來。吹煙何意味，流毒此胚胎。久久沿成俗，錚錚騁異才。著書延歲月，游戲亦佳哉。

賁隅　劉華東三山

自古窮愁每著書，巢阿坎壈復何如。菸經著就知無補，烏有先生賦子虛。

鄧　淳樸庵　東莞

昔有茶經，陸羽是著。菸經云何，趙子馳譽。後先濟美，手不忍去。飲之食之，何思何慮。

楊　麟仁石　貴陽

盛朝瑞草今爲烈，四方製作稱謂別。形色臭味皆懸殊，家家都爲酬酢設。童年飫聞父老歎，恒言客至無煙竿。乞諸鄰里亦烏有，曾幾何時世交歡。世交歡兮尚隨俗，雖云尤效莫予毒。更聞眠食與鼻吞，病入膏肓惟鶯粟。嗚呼，病入膏肓惟鶯粟，生存華屋登鬼録。

樊夢蛟了園　漢軍

茶有經，酒有經，復得菸經同濟美。陸之著，王之著，不圖趙著亦留馨。

潘定瀾柳塘　長寧

賓朋入座總氤氳，恍接蘭言齒頰芬。愧爾無功補飢渴，還夸八九氣吞雲。苟令熏爐共鬬長，休同韓壽學輕狂。但憑口角爲呼吸，不讓曼歌獨繞梁。

謝嘉猷坡山　貴陽

幼時我與君，不解啖煙味。口口相吐吞，聊以作游戲。一吸還一呼，忽覺神已醉。今君著爲經，雅擅過人智。聞煙與菸通，信始識菸義。

方仰周荷蕩　貴陽

嫋嫋流芬出絳唇，最相宜稱伴佳人。乍周旋欲伸情愫，忽現雲中霧裏身。斯亦天壤有用材，不應埋没并蒿萊。性情藉寫巢阿筆，須信聲華草味開。腹笥聞披一月圓，閒人消遣得閒緣。南方草木嵇含狀，快得閒人續外篇。

程倬桂香輪　廣寧

吹氣如蘭欲化雲，才人出口有餘芬。烹茶細翦西窗燭，博物從兹廣所聞。

黎蘭因心香　嘉應

菸類聞孔多，黃煙數嘉應。我本梅州人，嗜此寄幽興。其味洵無窮，似比衆煙勝。先生著此經，用以相質證。即一概其餘，各類品斯定。名將走八方，有若珠無脛。

黃景星熠南　岡州

吕宋來菸草，争傳製作煙。自從入中土，相嗜已多年。不那人知味，翻爲世取憐。一枝難放手，惹我别情牽。

李汝梅雪庵　岡州

我生癖好在如思，手不離時口不離。土物移人經可著，巢阿先我味能知。

四會　姚熊光曉谷

握管時相對，沈思意自娱。座中閒領略，愛此淡巴菰。幾縷煙雲吐，氤氲匝四隅。一經曾爲著，奕代必傳書。

定安　張岳崑仙山

從此菸經口口傳。權輿得自巢阿手，今代何人不吃煙，阿誰能解著新篇。

貴隅　谢光熊星垣

輕煙繚繞樂吹嘘。怪得熙朝稱瑞草，淡巴菰始見成書，覽此方知味可茹。

南海　黎成華篤園

見說揮毫五日成。菸經復得巢阿著，從古茶經與酒經，陸王前已擅才名。

李　素澹人　端州

著述曾聞已等身，菸經傳與後來人。同夸手筆真燕許，不數茶經歎絶倫。

陶克昌綏之　貴陽

相思云有草，或比阿芙蓉。一草一芙蓉，不同。

馮景華韶石　貴陽

曾記童謡遍地煙，煙雲過眼自年年。難除最是相思草，深結人間火食緣。

馮昕華曉巖　貴陽

信手拈來煮字厨，一竿長管稱閒居。煙雲落紙憐巢甫，異火從今有異書。

馮晴華柳橋　貴陽

人間煙火食來無，著就菸經意自娱。我有相思抛不得，金絲熏與淡巴菰。

莊心亨嘉之 貴隅

予生思酒不思煙，煙守高曾禁有年。予家世禁吃煙。見説菸經巢甫著，獨空前古後應傳。

莊心瑑玉泉 貴隅

余家守庭訓，煙味不入口。揆自高曾來，那識有煙酒。先生著此經，予欲贊揚久。味因鮮所知，曷敢步其後。嗜好端由人，我寧引其咎。立言豈容没，先生自不朽。

冼苞竹朋 南海

少隨赤松去，不食人間煙。澹然鮮知味，適口安取憐。吾師著述富，偶作菸經傳。不試故多藝，絶後還空前。尚懷桑苧翁，曠世堪比肩。茶菸等不棄，二物相周旋。

劉澤長約齋　貴陽

物同過眼若雲煙，果腹無由味索然。一物不知多引恥，從今菸義得師傳。

張婉婉麗春　順德

倦繡無聊且暫停，閒擕湘管讀菸經。爲呼侍婢來傳火，瞥見煙雲度曲櫺。

王鼠姑妙香　順德

曉來簾卷燕飛遲，鬢學堆鴉睡起時。少小便隨阿母教，不曾開口試金絲。

道人李亦仙　羅浮

我煙不離口，我管不離手。問我胡爲然，是我煙雲友。

老頭陀去塵　海幢

掃地焚香手不停，禪門無事日長扃。相思草豈同凡草，閒把菸經當佛經。

方穎廉清曹　賁隅

廉素不嗜菸，故於紀載内凡涉淡巴菰者，悉屏弗閲。先牛戲著《菸經》，屬爲采訪，苦無所得，因得胡静園前輩《種菸論》一首，緣此論曾及家靈皋閣學事，又適與鄙性符合，是以弃之篋衍。今爲檢出，竊歎天下之物，能爲棄亦能爲取，竟荷先生之旁搜博考，而付之梨棗也，其循環之理邪？抑格物者聊備一説，以示充類至義之盡邪？爰附數語而歸之。

菸經自序

古無所謂煙也，有之自明代始。按《康熙字典》載，菸字，音煙，臭草。臭，訓香，義或即煙草歟？然則煙之本字宜寫作「菸」，乃今通作「煙」，毋亦取香煙噴薄，吞之吐之，一呼一吸，噓氣成雲，有無味之味在邪？第崇禎時嚴禁之不止，迄國朝盛行於世。其種得之大西洋，一云出自呂宋，名號不一。延入中夏，男婦老幼，富貴賤貧，無不啖之，有目之爲「熙朝瑞草」云。前唐桑苧翁曾著《茶經》，未聞有著《煙經》者。今時，茶煙二者，不可偏廢，因以煙配茶，妄輯《煙經》。經者，常也，常故不可須臾離也，續貂之誚又奚恤哉？因撮煙之顛末於左，使後之覽者有所考焉。道光五年歲在乙酉春仲，賁隅趙古農巢阿甫自序於仙城抱影吟軒。

菸經例言

一、煙草故典，寥寥無從考核。緣自明萬曆後，始入中夏，猶嚴禁之，故「徵引」「品題」亦無幾也。

一、是書之成，成於旦夕間，原屬粗率從事，暫付梓人，後當重訂。

一、煙之土産，近遍寰區，難以悉載。兹僅就目所見與耳所聞者，録爲土産門，以備一格，幸毋以挂一漏萬少之。

一、成書之例，不選今人，以避嫌也。但此書又若破格，因前人煙詩煙説均不多見，今人亦姑入選，顧又隨見隨選，不分後先，識者鑒諸。

一、家無藏書，見聞有限，故所收者闕漏，貽譏知所不免。伏祈淹博之士，搜羅見惠，俾得續添，是所厚幸。

巢阿子謹白。

菸經卷上

徵引

前不見古人，覽此如見之。吉光片羽珍，堪作後事師。或源與或委，開卷紛離披。了然目睫間，千古同心期。

汪師韓所著《金絲録》，凡四卷，目分原起、劇談、品題、炯戒。第書未見，其序曰：「煙草之名，若石馬、浦城、衡陽之繫以地，黄紫以色，生熟以製，大率市暨賣債之名，傳於牛童馬走之口。以予所聞曰打姆巴古，曰淡巴菰，曰淡把姑，曰大孖古，曰淡肉果，曰擔不歸，曰醺，曰金絲醺，曰金絲煙，曰芬草，曰煙酒，而總名之曰煙。世未悉其名，莫究其始，遂疑起自近百年來者。暇日采諸舊聞，附以詞流題詠，歸之懲戒，彙爲《金絲録》。昔東皋子述大樂署史焦革酒法，桑苧翁備言茶之原之法之具，并尊以爲經。以煙草鋪芬昣畷，歷亂冬春，浮食籍之百甕，準禺㕎之萬口，茶槍酒榼時交進焉，著於録，或者不爲文士所鄙笑邪？」《談書録》。

方密之曰：「萬曆末，有攜煙草來漳泉者，馬氏造之，曰淡果肉。漸傳至九邊，皆銜長管，而火點呑吐之，有醉仆者。崇禎時，嚴禁之不止。其本似春不老，而葉大於菜。曝乾以火酒炒之，曰金絲煙。可以祛濕發散，然久服則肺焦，諸藥多不效其症，忽吐黄水而死。」《物理小識》。

王肱枕曰：「煙葉出自閩中，邊上人寒疾非此不治，關外人全以匹馬易煙一觔。崇禎癸未，下禁煙之令，民間私種者問徒。法輕利重，民不奉詔，尋令犯者斬，然不久因邊軍病寒無治，遂停是禁。予兒時尚不識煙爲何物，崇禎末，我地遍處栽種，雖三尺童子莫不食之，風俗頓改。」《蚓庵瑣語》。

王貽上曰：「今世公卿士大夫，下逮輿隸婦女，無不嗜煙草者。田家種之連昣，頗獲厚利。考之《本草》《爾雅》皆不載。姚旅《露書》云：吕宋國有草名淡巴菰，一名金絲醺，煙氣從管中入喉，能令人醉。亦辟瘴氣，擣汁可毒頭蝨。初，漳州人自海外攜來，莆田亦種之，反多於吕宋。今處處有之，不獨閩矣。」

又曰：「吕宋國所産煙草，本名淡巴菰，又名金絲醺，予既詳前卷。近京師又有製爲鼻煙者，云可明目，尤有辟疫之功。以玻瓈爲瓶貯之，瓶之形象種種不一，顔色亦具黄、紫、紅、白、黑、緑諸色。白如水晶，紅如火齊，極可愛。玩以象牙爲匙，就鼻嗅之，還納於瓶，皆内府製造，民間亦或仿而爲之，然終不及。」俱《香祖筆記》。

王漁洋曰：「韓慕廬宗伯菼，嗜煙草及酒。康熙戊午，與予同典順天武闈，酒杯煙筒不離於手。予戲問曰：『二者乃公熊魚之嗜則知之矣，必不得已而去二者，何先？』慕廬俯首思之良久，答曰：『去酒。』衆爲一笑。後予考姚旅《露書》，煙草産吕宋，本名淡巴菰，以告慕廬，慕廬時掌翰林院事，教習庶吉士，乃命其門人輩賦《淡巴菰歌》。」《分甘餘話》。

熊人霖曰：「粤中有仁草，一曰八角草，一曰金絲煙，治驗亦多。其性辛，散食已氣，令人醉，故一曰煙酒。其種得之大西洋。」《地緯》。

煙草，一名煙酒，味辛温，有毒，治風寒濕痺、滯氣停痰，解山嵐瘴氣。多食則火氣薰灼，耗血損年。閩産者佳，燕次之。春種夏花，秋日取葉。曝乾切葉，形如細髮。草頂數葉，名曰蓋露。《廣群芳譜》。

倪純宇曰：「煙草味苦辛，氣熱有毒，通行手足陰陽一十三經，利九竅之藥也。取火然之，煙氣吸入喉中，大能禦霜露風雨之寒，辟山蠱鬼邪之氣。北人日用爲常，客至即然煙奉之，以申其敬。如氣滯、食滯、痰滯、飲滯，一切寒凝不通之病，吸此即通。若陰虛吐血、肺燥勞瘵之人，不宜食也。」又曰：「煙草生江南浙閩諸處，今西北亦種植矣。初春下子種蒔，喜肥水[一]，其葉深青，大如掌。夏初作花，形如簪頭，四瓣合抱，微有辛烈，氣色甚嬌嫩可愛，其莖長五六尺。秋中采收曬乾，切細如縷。閩中石馬鎮産者最佳。」《本草彙言》。

印光任曰：「食煙草，紙卷如筆管狀[二]，然火吸而食之。」又張汝霖曰：「鼻煙上品曰飛煙，稍次曰鴨頭，綠色，厥味微酸，謂之豆煙，紅者爲下。」《澳門紀略》。

厲太鴻《天香詞序》語曰：「煙草，《神農經》不載，出於明季，自閩海外之呂宋國移種中土，名淡巴菰，又名金絲醺，見姚旅《露書》。食之之法，細切如縷，灼以管而吸之，令人如醉，祛寒破寂，風味在麴生之外。今日偉男髫女，無人不嗜，而予好之尤至。恨題詠者少，令異卉之湮没[三]也。暇日斐然命筆，傳諸好事者。」《樊榭山房詩鈔》。

胡定《種煙論》曰：「溯前明萬曆末年，洋商有攜煙至閩中者，閩人效而食之，遂求其種而種植之。於是食之者，漸及於天下，日增月益，至於今，老幼男女之不食煙者，什不得一焉。因之，岡阜林麓，種植幾遍，即膏腴之田，亦往往用以種煙。且其糞較多於糞田，其力較勤於力田矣。《雙柏廬文鈔》。

煙葉，舊志未載，近四五十年日漸增植。春種秋收，每年約貨銀百萬兩，其利幾〔四〕與禾稻等。但種煙地俱在山嶺高阜，一經墾闢，土性浮鬆，每遇大雨，衝塞河道，恐成水患。然大利所在，趨之若鶩，有土者宜嚴禁之。《南雄州新志》。

品題

口之於味也，所嗜在我先。有如古易牙，其性皆同然。搜羅日以富，彙集成茲篇。爲助我筆談，尚友三百年。

蜀之緜州李雨村先生調元提學粵東，嘗賦煙草示諸生，云：「原夫赭鞭鳴地，陽燧窺天。火化伊始，嘗草何年。不酒而得醉，不毎而流涎。蜃無氛而噴霧，獅非吼而含煙。無非腹枵待飼，唇燥思泉。恍嘘氣以成雲，既非龍窟；忽出潛而吹沫，豈是魚淵。無貴賤以同嗜，竟寢食之難捐。亦明知嚼然而無味，乃莫不煬之而當前。聞何聲而何臭，徒半吐而半咽。當其種來海島，産自南夷，幡幡似菜，翼翼分陂，槁葉乍振，陳荄去滋。引之則金絲裊纓，揉〔五〕之而玉屑紛披。性似同乎薑桂，味實反乎甘飴。茗椀罷嘗，肘後之清風乍歇；金樽頻倒，掌中〔六〕之香氣初離。於是幾聲〔七〕碎玉，數點流光，逗出一星榆火，引來半炷沈香。含以華池，藐若土囊之滃鬱；入乎而飛揚。小炷則颸起青蘋之末，滿引而香浮寶鼎之旁。況夫采艾蘄陽，雜以三年之修吭，杳如香徑之迷藏。其始出而聚也，桑蠶春浴而蠕動；其少遲而散也，柳絲風罥葉；紉蘭湘浦〔八〕，挹兹九畹之芳。惟見風雲吐納，煙靄翱翔者乎。爾其嘗餐日久，製器精多，貯以鞶帶，盛來紫荷。或繡囊共茝蘭同佩，或玉壺與觿礪相摩。或湘管一枝，窈嫋蒼梧之修節；或滇金數寸，精瑩烏槧之文柯。既洪纖之中度，亦長短之殊科。偕鐵如意而堪爲指畫，代笻竹杖而亦可婆娑。直吹不孔之簫，處處仙人握管；倒把無綸之竹，人人漁父臨波。則有窗紗掩冉，净几清幽，文魔俊士，詩癖名流〔九〕，含毫未吐，擷藻將抽。步閒階而岑寂，繞芳徑〔十〕以搜求。叩鉢聲中，一絲微颺，呼童至止，半晌輕浮，則可謂思入風雲之候，神來飛舞之秋也已。乃至閨中風暖，樓上春深，金爐欲燼，繡綫無心，粉頤斜托，朱檻頻臨，情隨望遠，夢帶愁尋，猩唇半吐，瓠齒微歆。順薰風而藉草，襲芳靄之盈襟。立疑霧障，望杳雲林。其氣微是心香初透，其紋細是絲繭纔紝。則又不覺對影而神魂入定，不言而齒頰俱侵也已。至於殘更孤館，欹枕清宵，人聲兮乍悄，月色兮纔邀，燈花兮共落，香篆〔十一〕兮初銷。撥寒灰而如失，撫清簟兮無聊。謦欬一聲，唾壺欲碎〔十二〕；絪緼幾縷，沈水先焦。遂使栩栩迷香，潛引香中之粉蝶；悠悠回頰，微薰頰上之紅潮。俄而雙眸乍展，一夢〔十三〕方驚。漱齒少回甘之味，調唇留隔宿之酲。不有榾柮之火，蘭蕙之莖，何以使魂遽甦、神遽清夫？是以如飢呼癸，似渴呼庚。入市閒游，憩處俱堪乞火；留賓初獻，座間時傍殘檠。下至孩童走卒、負販老兵，具有公好，莫能忘情。嗟夫！腸非布而火浣幾似〔十四〕，口非突而墨黔時形。漫趨炎而欲附，若逐熱而未停。常昏昏兮墮雲霧，每烈烈兮炊香馨。焚齒兮可銘。嘗之者只覺瞢瞢，嗜之者不解惺惺。信煎膏兮足鑒，固念托契兮備嘗辛苦，欲絕交而深費丁寧。是用媿酒而作誥，爰且配茶而爲經。」〇雨村自記：「此題最新，爲前人所未有，向於友人齋中見擬此題，因戲爲此作，以教諸生使知紀律，知未能免俗也。」《觀海集》。

吾友番禺李子蓮石綸恩嘗賦《塞煙筒》，其辭曰：「李子晨坐，展讀未已。客有子虛，冠服綺靡。雅嗜啖煙，攜筒甚美。客笑指曰：『此其費不知凡幾，庶不貽主人，恥也。君能賦之乎？』李子曰諾，濡筆伸紙，沈吟而作曰：『邊陲之地，卑濕之墟。農有園圃，種煙如蔬。摘葉取嫩，曬日待枯。不分小大，盡去根株。千疊萬疊，切幼切粗。香入芳蘭，味甚苦荼。非有藉於飽暖，直以待乎吹噓。爰製小筒，圓而不方。丈有所短，尺有所長。爾腹則堅，我鐵則剛。再鑽而入，一孔有光。長嘴上嵌，曲斗下鑲。於是弄煙如丸，按指而藏。就燈取火，入口聞香。呵成雲霧，直繞肺腸。飄飄乎似欲鶴化而丁，蘧蘧然似欲蝶夢而莊。遂令炙輠者隱其辯，談天者斂其狂。才人之筆暫擱，武士之弓不張。公子瑶琴罷操，美人玉尺停量。』賦未終，客乃請曰：『君豈賦斯筒邪，而亦知其有異於人邪？』李子熟視之，誠當世所謂至珍也。因手持離座，涎出思唾，亟命小鬟，灼煙來前。始細意以吸取，繼努力於喉咽。面勃勃而變赤，眼睁睁而欲圓。竟一竅之未達，徒七尺以昂然。猶自黄金其末，翠玉其巔。絡繡囊而寶嵌，綰銀綫而珠穿。幹非竹而非木，巧更雕而更鐫。惑庸耳與俗目，令鍾愛而取憐。不適於用，何值一錢。棄而擲之，吾無取焉。客曰：『嘻！君迂哉，何所見之不大邪？夫天下名存實亡，污中炫外，得近人情，便逢時會，凡物類然，於煙筒乎何害也！彼夫折足覆餗，何金鉉黄耳之陸離；斷軸脱輻，何龍旗翠羽之交垂乎。使必求諸實用，則登車調鼎者奚爲？故物惡其陋，人侈其豐。苟可致飾於外，何必有美在中。以之視我則貴，以之媚人則工。不觀夫扇宜輕而綴玉，鏡惡重而鑄銅。築雕欄而易折，修瓊砌以無功。乃不兹之爲怪，而徒咎夫煙筒。』李子聞言，謂客辯士，大言欺世，强詞奪理。客笑而退，成賦如此。」○此賦似與《菸經》不倫，然究之亦同類而相從也。故偶選入一，以見蓮石少年聰敏，食飜膠庠。顧其壽不永，則未免借題發揮，犯尖刻之過，或因此而夭折歟？附記於此。

賈蘭臯先生漢，爵里未詳，其賦淡巴菰也，吐屬雋雅，江寧金静涵先生選之。其詞曰：「空齋小憩，幽室高眠。支頤檻畔，抱膝窗前。花落而重簾不卷，香沈而古鼎頻然。鐵笛横來，度曲聽松間之雪；筠筒攜去，尋詩留草際之煙。緊夫淡巴菰之爲物也，吕宋相傳，漳泉并造。訪佳種於山椒，分靈根於海島〔十五〕。藝苗〔十六〕乘春雨之滋，曬葉趁秋陽之燥。芬芳撲鼻，錯疑五味匀調；馥郁清心，渾訝百香合擣。悵解語兮無花，悟相思之有草。爾其竹檐長夏，花砌三春。疏簾棋罷，棐几書新。呼茶則爐煨榾柮，對客則管解吟呻。收煙中之煙，吐納而時當亭午；得味外之味，吹嘘而舌品甘辛。至若香濃雪聚，風卷雲奔，金猊火爇，牙獸煙存。沁脾兮無迹，出口兮有痕。看來餘滓未消，任華池之津液；吮去一絲漸透，倚〔十七〕龍腦之香温。則有中酒情懷，忘形爾我，抛卷閒行，拈毫兀坐。多而益辨，吻端頻溢芳蘭；虚以受人，石畔徐敲活火。嗜好在酸鹹之外，想入非非；英華存含茹之間，韻流瑣瑣。探梅而解渴偏宜，看竹而消閒亦可。況乃嘯侶命儔，聯群結隊。艾納薰殘，皋盧品逮。或破寂而散愁，或消煩而滌穢。幾分珠玉，咳吐落於九天；一片冰心，呼吸成夫三昧。洵謀餐於煙火，祿不須干；豈拾慧於齒牙，庖非可代。亦或影罩紅欄，暈涵〔十八〕緑綬。韻并梅兄，香分蘭友。襲雲氣於亭臺，裊篆紋於窗牖。如使早朝待漏，破〔十九〕寒隨翡翠之鞭；若教夜讀攤書，耐冷代蒲萄之酒。斯真《爾雅》未釋其名稱，《葩經》莫詳其差等。供列座之賓朋，解連宵之酩酊。風晨露夕，雲護詩牌。山館幽亭，雪飛丹鼎。正是挑燈讀畫，俄驚滿紙濃煙；恰當對月評花，聊佐一甌春茗。」《韻蘭集賦鈔》。

予既録錢唐厲太鴻鶚先生《天香詞序》語於前，兹復綴其詞，曰：「瀛嶼沙空，星槎翠剪，耕龍罷種瑤草。秋葉頻翻，春絲細吐，寄與繡囊函小。荷筩漫試，正一點、温馨相惱。纔近朱櫻破處，堪憐蕙風初裊。　嬌寒戰回料峭。勝檳榔、爲銷殘飽。旅枕半欹熏透，夢闌人悄。幾縷巫雲尚在，濺唾袖、餘花未忘了。喚剔春燈，暗縈醉抱。」《樊榭山房集》。

海鹽朱玉堂一飛先生一首曰：「最愛相思草，根從吕宋傳。静消千嶂霧，閒靖百蠻煙。味在酸鹹外，香生酒茗前。藝林如補植，温飽此中全。」

星子曹松齡龍樹先生一首曰：「數尺虚心竹，鑲成一寸金。燃時爐篆細，吸處洞雲深。客以茶餘進，人於飯後尋。清神兼解穢，贈答話同心。」

武陵胡少霞蔚先生一首曰：「瑣細偏多著八閩，柔絲金縷一時珍。椒蘭自識同芬烈，薑桂翻嫌劇苦辛。茗醴半闌參入座，琴書有暇許相陳。何因得使嵇含狀，草木南方總未神。」

仁和沈韞山赤然先生一首曰：「笛材中夭截爲筩，平縷黄金一瞬空。時見絮雲生口吻，誤疑香氣透簾櫳。嘗來滋味酸鹹外，破盡工夫吐納中。翁媪癖耽兒女效，不知於世竟何功。」

臨川李石臺來泰先生，昔寓荆州護國寺，吴生言武夷山降鸞有自署小青仙史者，作《美人飲煙》詩十五首，戲爲和之。雨窗無事，聊爲善謔，非强效香奩體也。其一曰：「盈盈初試漢宫妝，世味無多也漫嘗。莫問燕支山下路，已添瓊色映縹緗。」其二曰：「閒拾翠憐芳草，倩取餘醺睡海棠。暖氣欲蒸紅玉軟，微絲先和鬱金香。豈因情小逗醉中天，粉面微赬亦偶然。爲别苦甘心自熱，徐看含吐步生妍。雲行未覺巫山遠，霧擁真疑洛浦連。翠瑄銀罌時在手〔二〇〕，貪他剩馥與周旋。」其三曰：「采采何須藉白茅，情親小摘已如膠。餐花似妒餘杭醖，削葉疑分阿母庖。沈水香濃應共爇，元霜味冷亦全抛。侍兒指説相思草，幾度凝睇未忍敲。」其四曰：「遥看一縷漾晴霞，仿佛輕煙出内家。似向草根尋〔廿一〕宿焰，不緣木葉起新葩。籠雲自惜花間影，涶雨還生石上華。便説清香凝燕寢，也應微汗濕銀紗。」其五曰：「螺紋斑管日盤桓，不藉忘憂與合歡。嫩縷頻搓將進酒，餘香未斷力加餐。櫻桃小摘〔廿二〕旋生暈，楊柳微顰已映丹。最是春寒沾翠袖，尚扶薄醉倚闌干。」其六曰：「只聞沈醉倒金巵，豈識煙花别有期。乍拾瑶華歌既醉，曾貽彤管賦將離。色香不入騷人譜，冷暖偏留静女思。欲續閒情無好句，止云在口願爲脂。」其七曰：「心字沓寒篆影開，翦將餘燼點輕煤。爲貪朝爽分花露，似動微陽起荻灰。巧盼不妨銀海眩，斜凭却愛玉山頽。阿婆未解逢時態，疑撅真妃紫篋來。」其八曰：「尋常燈火滿天街，纔著朱唇便自佳。小就〔廿三〕未須欹玉枕，微顫渾欲溜珠釵。金爐篆冷飄芸屑，錦幕灰寒落豆䕅。似醉似醒〔廿四〕成底事，清狂不礙太常齋。」其九曰：「深閨只解惜芳菲，忽漫輕塵點素衣。獨坐靜看雲淰淰，相吹遥擬息微微。紅酣好共梨花夢，碧散還同柳絮飛。似霧似煙空悵望，珊珊遲步是邪非。」其十曰：「鈿盒金絲帶笑拈，等閒得見玉纖纖。停雲縹緲依蟬鬢，餘馥霏微拂翠匳。丹的偏從眉嫵現，紅潮恰向鏡波添。仙姿姑射渾如舊，肯爲人間煙火淹。」其十一曰：「見説春閨巧笑瑳，桃花人面得微酡。嘘來自合元雲滿，咽處還分絳雪多。石火電光時的皪，狂花病葉亦清和。飲家以目昏爲狂，花目睡爲病葉也。從今願作耕煙叟，好翦雲英醉素娥。」其十二曰：「似愛春風百卉熏，便餐瘴草亦清芬。珠簾半卷窗前霧，繡帳還吹夢裏雲。不礙冰姿看綽約，也隨花氣共氤氳。前身合是司香女，認取金螺小篆紋。」其十三曰：「新泉活火恰相遭，小飲聊爲散鬱陶。似理洞簫閒度曲，疑翻緗帙靜含毫。茜熏不入旃檀隊，薌澤時同翡翠幬。老我茶煙空颺鬢，淺斟應讓黨家豪。」其十四曰：「斗帳春回勝飲醇，却從爛漫見天真。遥看郁郁紛紛氣，現取騰騰兀兀身。香燼傳時珠有艶，沈灰〔廿五〕落處韈生塵。由來國色貪新調，故遺櫻唇學野人。」其十五曰：「柔絲珍重紫羅囊，漫説丹經與禁方。鍼管喜删脂粉氣，刀圭似貯杜蘅香。銀簧初炙温生座，金鼎重調色滿堂。帶得微酣空拭面，妒他湯粉試何郎。」《蓮龕集》。

前《徵引》所録汪師韓先生自著《金絲録》，惜未見其書，只留詩四首於《談書録》内，其一曰：「移根吕宋始何年，芬草從新拜號煙。匹馬就轀歸漢壘，一軍提鼓入蠻天。漸教禁榷權豐幣，競以吹嘘費壯錢。荼苦南中空紀録，酪奴人久薄春泉。」其二曰：「瑶草耕煙歲取資，黄雲葉葉柳絲絲。茅柴霽景編籬薄，筐篚宵分析縷遲。風俗小函盛滿把，火傳重暈結相思。傾心還有冰壺〔廿六〕在，鼻觀通參出愈奇。」其三曰：「龍巖石馬外諸餘，於橐於囊聚物殊。食籍數浮黄矮菜，詞林名重淡巴菰。三餐果腹初虚口，五字微吟正惜鬚。擕取及時供絡繹，并申僮約古從無。」其四曰：「偶共香燒性已諳，一枝熺焰手頻擔。方言有底争衡酒，詩境無聊作配藍。嘘氣憑依吞篆少，熏心虚美落灰慚。不知通介誰邊得，暇采芸編佐筆談。」

海寧陳乾齋元龍先生四首，其一曰：「神農不及見，博物幾曾聞。似吐仙翁火，初疑異草薰。充腸無滓濁，出口有氤氳。妙處〔廿七〕偏相憶，縈喉一朵雲。」其二曰：「異種來西域，流傳入漢家。醉人無藉酒，款客未〔廿八〕輸茶。莖合名承露，囊應號辟邪。閒來頻吐納，攝衛比餐霞。」其三曰：「細管通呼吸，微噓一縷煙。味從無味得，情豈有情牽。益氣驅朝霧，清心却晝眠。誰知飲食外，別有意中緣。」其四曰：「清氣滌昏憨，精華任咀含。吸虛能化實，嘗苦有餘甘。爝火寒堪却〔廿九〕，長吁意似酣。良宵人寂寞，藉爾助高談。」

沈心醇先生一首曰：「四月分畦種，園丁識歲華。綠蕤侵藥壟，黃葉遍村家。試火香留篆，聊吟語帶霞。溪雲渾隔面，繚繞欲生花。」

毛思正先生一首曰：「礵田曾見碧苗滋，細髮薰成好護持。暗啓緗囊翻露葉，輕拈筠管簇金絲。最宜酒暈微酣後，看取蘭芬乍孃時。一自佘糖灰漸冷，柔腸無限繫相思。」

山陰胡鏡舫國楷先生一首曰：「未許神農識碧芽，教人服氣與餐霞。呼龍耕地栽瑶草，寓目流涎想麯車。金瑄似矛驚出火，斑枝如筆笑生花。細將位置商宜稱，瓊海檳榔日鑄茶。」

以上所録，俱詠煙草者。

東莞王象坡文冕先生詠水煙一首曰：「澹處求真味，相需意若何。象原占既濟，性喜協中和。焰向重陰出，香分一勺多。漫夸炎赫勢，持滿在無頗。」

曹松齡詠水煙一首曰：「翻波一氣通，倒吸飲長虹。室候吹灰管，壺懸不漏銅。坎離占互濟，吐納妙爲功。胸次憑誰豁，煙雲鼓盪中。」又詠鼻煙一首曰：「細粉含濃味，嘉名紀淡巴。假途從鼻觀，透膈醒脾家。膩質揉千葉，薰香吸百花。冰壺相朗照，衆手漫紛拏。」

李雨村先生又有詠鼻煙一首曰：「煙乃口呼也，胡爲鼻吸哉。種傳洋舶至，販自海關來。玉碾霏霏雪，珍盛小小罍。玻瓈含潤澤，琥珀映胚胎。倒瀉壺常側，分遺帕甫開。每拈纔一指，屢嗅帶千㚆。屏氣如無息，相吹似有埃。爲誰頻作嚏，不慣却妨咍。香霧何須噀，醺人絶勝醅。驅寒天不害，辟瘴地消災。貢品殊難得，多儀每走僮。達官腰例佩，對客讓交推。」

以下一條，從《隨園詩話》續補：「吾鄉翟進士，諱灝，字晴江者，詠菸草五十韻，其警句云：『藉艾頻敲石，圍灰尚撥爐。乍疑伶秉籥，復效雁銜蘆。墨飲三升盡，煙騰一縷孤。似矛驚焰發，如筆見花敷。苦口成忠介，焚心異鬱紆。穢驚苓草亂，醉擬碧筒呼。吻燥寧嫌渴，唇津漸得腴。清禪參鼻觀，沆瀣潤嚨胡。幻訝吞刀并，寒能舉口驅。餐霞方孰秘，厭火國非誣。繞鬢霧徐結，盪胸雲〔三〇〕叠鋪。含來思渺渺，策去步于于。』典雅出色，當在韓慕廬先生菸草詩之上。」

予著《菸經》，徵各品題爲一門，復作《淡巴菰》一首，綴於末，其詞曰：「淡巴菰名何自起，吕宋西洋作之始。溯從流傳入中土，遂令芬草若甘旨。個中如獲味外味，無味之味味較美。香煙繚繞吐復吞，一吸一呼口相似。茶槍酒榼遞交進，款賓排悶無過此。亦宜解穢和解酸，此種由來罔與比。有同嗜者如嗜痂，手握筠筒遍城市。我時吸取薰灼之，未能免俗聊爾爾。金絲醺及擔不歸，淡肉果同一而已。或無所啖縈所思，苦若呼庚與呼癸。物雖非等阿芙蓉，製分生熟色黄紫。豈真服氣同餐霞，幾縷巫雲蔽烏几。朱櫻破處堪取憐，爲著菸經説端委。」

校勘記

〔一〕「肥水」，倪朱謨《本草彙言》（續修四庫全書影印清順治二年刻本）卷五《煙草》作「肥糞」。〔二〕「狀」，原作「收」，據《澳門紀略》（中國方志叢書影印清嘉慶五年重刊本）卷下《澳蕃篇》改。

〔三〕「湮没」，厲鶚《樊榭山房集》（四部叢刊初編本）卷十《詞乙》作「湮鬱」。

〔四〕「幾」，原脱，據《直隸南雄州志》（中國方志叢書影印清道光四年刻本）卷九《物産》補。

〔五〕「揉」，《粤東觀海集》卷二《烟賦》作「採」。

〔六〕「掌中」，《粤東觀海集》卷二《烟賦》作「掌上」。

〔七〕「幾聲」，《粤東觀海集》卷二《烟賦》作「一聲」。

〔八〕「湘浦」，《粤東觀海集》卷二《烟賦》作「澧浦」。

〔九〕「名流」，《粤東觀海集》卷二《烟賦》作「清流」。

〔十〕「芳徑」，《粤東觀海集》卷二《烟賦》作「芳砌」。

〔十一〕「香篆」，《粤東觀海集》卷二《烟賦》作「蕙帳」。

〔十二〕「欲碎」，《粤東觀海集》卷二《烟賦》作「玉碎」。

〔十三〕「一夢」，《粤東觀海集》卷二《烟賦》作「一枕」。

〔十四〕「腸非布而火浣幾似」，「火」《粵東觀海集》卷二《烟賦》作「人」，「幾」原脱，據補。

〔十五〕「訪佳種於山椒，分靈根於海島」，「山椒」《韻蘭集賦鈔》（歷代賦學文獻輯刊影印清道光七年刻本）作「山河」，「靈根」作「靈莖」。

〔十六〕「苗」，《韻蘭集賦鈔》作「根」。

〔十七〕「倚」，《韻蘭集賦鈔》作「倩」。

〔十八〕「涵」，《韻蘭集賦鈔》作「噴」。

〔十九〕「破寒」，《韻蘭集賦鈔》作「被寒」。

〔二〇〕「在手」，李來泰《蓮龕集》（四庫全書存目叢書影印清雍正刻本）卷四作「在眼」。

〔廿一〕「尋」，《蓮龕集》卷四作「傳」。

〔廿二〕「摘」，《蓮龕集》卷四作「側」。

〔廿三〕「就」，《蓮龕集》卷四作「斜」。

〔廿四〕「似醒」，《蓮龕集》卷四作「如醒」。

〔廿五〕「沈灰」，原作「灰沈」，據《蓮龕集》卷四改。

〔廿六〕「冰壺」，汪師韓《談書錄》（續修四庫全書影印本）之「烟草」條作「壺公」。

〔廿七〕「妙處」，陳琮《煙草譜》（續修四庫全書影印清嘉慶二十年刻本）卷五作「妙趣」。

〔廿八〕「未」，原作「半」，據《煙草譜》卷五改。

〔廿九〕「堪却」，《煙草譜》卷五作「能却」。

〔三〇〕「雲」，原作「霜」，據袁枚《隨園詩話》（續修四庫全書影印清乾隆十四年刻本）卷九改。

菸經卷下

種植

仲尼有成言，吾不如老圃。藝事雖云小，亦貴在法古。雨暘昧時若，葉茂安快睹。寄語種菸人，所幸無曠土。

播種

以春時下種，將發數葉，摘去蕊頭，使其氣足在數葉上，屆秋方收葉片。其利與禾稻等，但墾地俱在山嶺高阜間，土性宜浮鬆，須多以肥水澆之葉，葉自茂而大。

采葉

煙本如春不老，葉大於菜，成畦連畛，一望深緑之色。比菜葉微厚，俟長成後，隨時采歸，曝乾藏以待價。

曬　葉

秋後葉老，繞畦采摘，置半陰半陽下，反覆曝之。曝時用竹箔夾之，使片片平正，不卷不皺。或收或晾，葉色始黄。不宜太乾，不宜見雨，見則葉上生黑點，不貴也。

揀　葉

其葉須揀選，老嫩宜分。老者味辛，嫩者味淡，可別貯爲生熟兩種之用。而又有一種葉專作黄煙、熟煙用者，一種作生煙用者，下種時便先揀定也。

菸　梗

種菸草者收葉後，其老莖斷爲寸許，乾而藏之，名曰菸骨。田家每苗時輒市歸，分剖潛插苗根少許，可除螟螣并蟊賊諸害。

製　作

造物權生機，刨製藉人手。蔑法從相師，難以適衆口。精心契物意，辛辣喚煙酒。賈售知工良，物故旨且有。

噴油

其法，先將散葉盡去其梗，勻攤竹排上，以生油銜口中噴其葉，反覆之，葉葉須宜潤透。每次約葉十五觔，則油以三觔爲度。凡製煙者，必以噴油爲第一要著也。

上榨

噴油後宜將葉片逐一疊齊，置榨上，另以大木板重壓之，復以繩索緊束之，使油走勻流清，成疊取出切齊，兩邊照刨，式約寬三寸許。又將切下餘葉，再疊上累，至尺許方下刨。

刨葉

法用木板墊其下，微有脚，將葉層疊於上，以繩綑縛之，實其中。搥擊使堅牢，然後過刨，若其中有參差不齊者，則剷而平之，細密成絲，分別賈售。

炒絲

葉無論大小片，刨絲後將絲放鍋内，以香料及酒微炒之，火分文武，不可過焦。第令其色帶蒼黑，味至辛辣而止。此製黄煙、熟煙法也，若生煙則無庸過火，原絲包裹矣。

器具

工欲善其事，必先利其器。豈獨爲仁然，凡物識此意。一器苟未齊，食具亦不備。負此淡巴菰，安能有同嗜。

木榨

以力木爲之，或用梨木，堅實牢固爲上。高二尺有奇，藏數寸入地，使不移動。中留置葉之處，復以大木壓其葉，兩頭用門閂緊之，令成塊而易刨也。

刨板

此板無定形，大約以厚木板置平地間，離地寸許，前昂後俯，斜放如小欖樣居多，置葉其上，以繩重縛之，勿使走掇。

木刨

刨約寬三寸，中剜一坎，斜藏薄鐵於内，礪乃口使利焉，與匠人所用式樣同而較大。其腹可藏煙絲，刨滿後取出方再刨，法如前。

烏枚木竿

此木出吕宋，剖而析之，可長可短，可方可圓，實心無孔。以鐵綫鑽其竅，孔方出，配以頭嘴，食具始備。此外另有黄楊木可爲竿者。

紫竹竿

竹之名號，不可枚舉，各山俱出，而紫竹爲最。然尤以節密無水坑者貴，若三河壩竹與棕竹、茅竹、竹根、梅根、佛肚、湘妃、壽星、金星各竹，則隨時尚也。近好驚奇，又有一種沙藤、明角、犀角與包玳瑁爲煙竿者。

頭

所以貯煙灼火也，亦名斗，北人喚作鍋。銅爲之，有黄白之別，白缺者，色不變。至啖黄煙、熟煙者，則有原身亘頭、玉斗、木斗、瓦斗之分。

嘴

嘴與口相近，吮煙氣而入喉者也。竿上所配亦以銅爲之，或鑲以玉，而象牙居其次，均無不可。至式樣，則長短大小不一，雕鏤不同，從所好也。

煙盒

此用以載煙者也，多以錫及銅爲之，方圓不等，間作蝴蝶形與太極形者，亦有用竹木者、漆者、瓷者，暨東洋所造者。客之嗜食不一，或生或熟，或黄或白，或如思奇品之類，明窗浄几，置盒其間，各種具備，相對亦自不寂。

煙包

亦以載煙，便攜帶也。包裹而行，隨時取吸，自不竭於所用。近時好爲華麗，髻齡俊婦有用捻錦，顧繡以銀練，繫於煙竿之上者。男則以各色碎緞縫成，或用軟皮爲之，中藏自取火之物，名火鐮包，以自便者。

分類

本是一莖草，化出丈六身。佛言與此同，色色難具陳。一葉無異形，味或香與辛。有類則有分，共結香火因。

生煙

生之爲義，别於熟而名之也。生煙種類頗多，大抵不甚辛辣者，其色皆深黄、淡黄兩種，第其中自有粗細之别。

熟煙

此種特揀老葉爲之，或另一種細切成絲，加火酒重炒。味辣色蒼，凡食熟者，生者味淡，不能適口也。

净絲

亦名頂金，或呼上净。净之云者，自然本色，不加薑粉，啖之而味自醇。男婦多於此種有同嗜也。

白絲

味極淡，絲極細，即所謂上白也。食之如未食，然少婦初學食煙，每啖此種。毋亦取其淡，聊握長管而悦於口歟？

二白

此又次於上白者，味亦淡，絲稍細。食與上白相仿，而品不甚佳。畏煙辣者，多啖此也。

上黄

即黄絲也，製用黄薑粉參之。婦人女子、僕隸下流之輩多食此，蓋其價值較廉也。

二黄

此品尤賤，煙與薑粉參半，有煙名，無煙實也。

黄煙

此名本地黄煙，是處皆能炒製，而味不甚辣，時或有香氣繚繞之。不須明火，亦取啖甚易，且價又遜於嘉慶黄煙，通行故多此種。

土産

橘踰淮爲枳，遷地多弗良。地氣使之然，難律煙草芳。浦城甲天下，石馬兼衡陽。到處皆繁生，所在名遠揚。

新會如思

直省以煙作生涯者，閩賈居首。吾粤販煙爲業者，大半皆新會人。而新會所製煙，則又以如思館爲得名也。其味香辣，其色老蒼，須明火啖之，而灰燼成白爲上。

近數年來，人人皆如思，人人不離口，如有所思而不置矣。

嘉應黃煙

黃煙以本州耕耘館所製爲第一，林翠堂次之，另有黃右安字號，則又善製熟煙者，而與之抗敵也。三者俱得名。而黃煙製法，油似過多，亦須明火取吸，否則食只得其半，火便息。且味過辣而價頗昂，人故少食云。

潮　煙

出潮州，與嘉應黃煙不相上下，而品微遜，色帶老黃，味亦辛辣，蓋因地而名之也。其名久傳，向有錫鹿爲記，今則易以錫鶴云。

南雄葉子

此葉子不用刨，只須成片搓碎，以袋包裹。食時將銅斗入袋，承取仰接明火啖之，味覺全而厚，然嗜之者甚寥寥也。

福建條絲

條絲者，有條理而成絲也。黃潤可愛，其味和，不甚辣，此即所謂金絲歟？品極貴，直省皆行，應在各品之上。

浦城生煙

煙以福建爲最，意煙入中夏時始於閩也。而福建又以浦城所出爲佳。其味辛辣，聞地土所生，不足伊一邑之食，外省故少到云。

杭州奇品

奇品味甚香，人多嗜之。色嫩，黄絲頗粗。近粤中亦效其製，而細如縷，雜以蘭花粉，其香尤酷，一人啖而滿座皆馨。故知奇品之名爲不虚也。

杭州揀片

其色略黑，其絲亦粗，其葉老而辣。較奇品一種揀而出之，品愈貴也。

紹興黑老虎

出浙之紹興府。以火酒炒之，使焦黑色而味特烈，不能多食。粤中新會亦有此種。謂之虎者，其命名誠可畏矣。

揚州雜拌

雜拌者，意以香料雜於煙内拌匀之故云云。其味與諸品不類，形狀亦殊。粤中少得此種，豈物罕而見奇邪？

衡州錠子

錠子，亦名離鄉草，謂在本處不甚香，及出省則香愈烈云。包裹形如銀錠樣，故因以呼之。而毛頭錠子更佳，各省皆行，尤徵入貢。

郴州葉子

葉大而厚，味極濃，切而食之，難以入口，即在旁者，食被其氣一攻，當下如醉。此癖於煙者，方知其味也。

羊毛乾絲

此種亦出湖南，味亦濃。葉帶深黑色，而絲則如羊毛之細，故以名之云。

郫筒煙

郫屬成都府，昔山濤治郫，作酒甚香。蜀人傳其法，詎煙亦佳。葉短而寬，味不甚辣，人破其葉，卷食之，或切食之，不易著火，善著火者，其鄉人也。省店切爲細絲，故謂之郫筒煙。

青神煙

青神爲蜀之眉州，亦産煙。葉長而皺，色較郫煙深黄。味辛而平，氣清而馥。卷筒食之，易於著火，第其價爲少昂耳。

鬱林根子

根子出廣西之鬱林州屬，大略與粤新會之如思相仿。其色深黑如熟煙，絲細而鬆。亦須明火啖之，味雖辣而猶醇也。

山東濟寧煙

絲極細，色帶黑，而味頗辣。山東地土多霜雪，非此無以禦寒。天地生物，固有所宜也。

關東膏煙

膏煙味甚辣，油極重，關東人食以辟寒。有不覺其辣者。南方人固難入口，然亦少見。往時駐防漢軍某走摺差，於京邸得而食之少許，攜至粵，始識其爲膏煙也。

蘭州水煙

此又與各煙微別，色淡黄，雖成絲，須捻碎食之，别有野味。謂之水煙者，大約取其過水無火氣也。但必以蘭州所産所製爲上，外此便不佳。近時人多食之，賈客因常攜至。第其煙具迥異，法以銅作一壺載水，其内上插一銅斗，另一長銅管作彎曲形，從上吮之，下銅斗煙氣過水，始貫於銅管之上，入口以小紙燃明火點。食未免煩於攜帶，無所取也。

孖姑煙

煙本名淡巴菰，與孖姑之音相類，亦從西洋運入中土，故仍呼其名也。其法用小紙卷煙葉約寸許，以火灼之，銜口中，人見如口出火，無煙管之累，隨時可以藏身。

惟香山及澳門人多食之。若夷人所食，則大同小異。如紐繩狀無紙卷者，約三四寸許，亦灼以銜口中，見客則從懷探出，相奉爲敬，然究不離乎孖姑一類近是。

西洋鼻煙

此雖名煙，又與煙不類，亦出西洋。以鼻嗅之，食不由口。製法如藥末，載以小壺。近世士大夫及貴顯之家多食之，云可明目，尤有辟疫之功。然多食亦有引，與鴉片等，久則鼻不聞香臭，其氣直達腦頂，所損在腦，時刻更不可離，爲害亦非淺也。至所貯之壺，則爲玉爲石，或水晶、瑪瑙、硨渠、京料之類，諸色不等，物雖小而工備至，製造遍城市矣。

適用

物貴適於用，無用之用多。當尋味外味，味在無殊科。人莫不飲食，吐納幾成魔。此中有妙理，長管爲撫摩。

款賓

近世賓來，茶煙交進，煙之爲用，是不可廢。生煙通行，黄煙更盛，寒温共叙，非此無以申其敬，因知適用，此爲第一也。

辟穢

煙之氣主辛辣，凡穢氣來前，撙鼻而過，猶不可除，須得此入於鼻者辟之。至入廁行恭，逐臭尤須此也。

排悶

悶然獨坐，無與爲歡，聊借煙爲排解之計，至於再至於三，有不自厭其煩者。

佐思

人當想入非非，時或作詩作文，得此以助其思力之所不及，一枝長管，吐納間何減筆尖横掃也。

解酸

晨昏兩頓，酸味入口，及一切細點之物食後，必作吞酸之狀，得此煙氣解之，味美於回，真不可少。

禦寒

時值隆寒，口常呵凍，就燈取火，入口出煙，雖非如酒之兵，亦足與寒相戰。

附鴉片煙

物之害人，而人莫之悔者，無如鴉片。其種亦來自西域，唤阿芙蓉，聞以鶯粟蕊爲之，名號不一。苟經上引，則爲累不淺。我國朝屢頒嚴禁，杜其潛入港口，貽禍中夏，詎嗜之者衆，利又倍蓰，故愈禁而愈熾也。其始航海而來，初如泥，炮製之爲煙，滋味頓改，重價而售，奇貨可居，猶謂其可解山嵐瘴氣，可治泄瀉寒邪，故終不能割愛，遂至肩聳而僂，膚焦如墨，語成歇後氣喘喘然，旋自喪其命耳。食之之法，以矮燈置牀上，臚列煙具於前，横陳僵卧，或左或右，名曰調邊。煙鎗以大湘管削成，長尺許，雕鏤精致，飾以金玉，滑不留手。安一小斗其上，挑膏於斗，如菉豆大，向燈火薰灼之，呼吸於唇吻間。或自取樂，或二三知己，卜晝卜夜，愈久愈深，而莫之止。今時〔一〕男女嗜之，多如嗜痂，一不得食，則眼淚交流，知爲引起，必圖食而後快，甚則傾貲蕩産，至有吞煙菡以過引者，又號撒火粉，其害難以枚舉。吁，可畏哉，可懼哉！

近時南海羅柳湖祖乾，少年陷此，迷而知返，作《討洋煙檄文并序》一篇，因附録以爲嗜此者勸：「僕昏頑，其質愚昧，其心虛。抛世上工夫，誤食人間煙火，苦既同夫剜肉，悔遂等於噬臍。爰乃奮發雄心，誓除惡癖。游倦知返，思痛於痛定之餘。情見乎詞，説夢於夢回之後。語雖涉乎游戲，義實取乎箴規。現身説法，此是前車，因我及人，斯爲嚆矢，其文曰：『蝨人賊，洋煙者，産從倭國，系出天方。僭竊鶯粟之名，妄假芙蓉之號。始則落魄泥塗之下，薄命如花。繼乃起家鍛錬之間，蠱人以毒。乃復陰柔成性，荼毒爲心。欲廣淫巧之風，以神煽惑之術。初發難於南國，陰圖猾夏之謀。竟行間以西施，固作沼吳之計。惑同古佛，與經函梵筴以俱來。罪在黠酋，共東賫西琛而并入。實濫觴於絶域，遂延蔓於中華。則有羅綺人家，膏粱子弟，佳人則莫愁命字，公子則無忌爲名。豈有髀肉之嗟，遽作瘡痂之嗜。喜瓣香之有自，賞臭味之相投。并援爲卧游之資，且引作手談之具。邀歡牀笫，蓄同御女之車。修好賓朋，載并留賢之榻。別有投閒雅士，抱恨騷人，原非雅慕乎餐霞，初謂猶賢乎博弈。篝燈攤卷，年年之坐榻頻穿；剪燭談茶，夜夜之聯牀有約。遂乃銀缸幽置，玉體横陳，類飲露於荷筒，異撥灰於鐵箸。吹噓則千盤露結，呼吸則一點犀通。許雲封擫笛倚歌，手上之湘筠未釋。田承嗣焚香壓勝，牀頭之金盒常開。既染淫風，漸成痼癖。雨頓之饔飧未已，六時之起卧無常。尋歡於醉生夢死之中，選勝於黑地昏天之外。漫擬范公示儉，帳漬油煙。還同荆卿刺秦，手持寸鐵。既而蘇秦面黑，沈約腰纖。寒疾索肺，無殊喘月吴牛。瘦骨翹肩，何異叫雲野鶴。半卮鴆毒，如看絶命之人。一盞漆燈，似照常眠之客。既傷生之莫恤，縱破産以奚辭。帷中之碧穗常然，橐裹之黄金漸盡。堪歎家貲有限，盡供蠶食以何妨。可憐餘唾無多，并付狼吞而不厭。甚至燈闌漏下，金盡牀空，已無千金一醉之娱，漸有九食三旬之苦。幾番禁火，豈因林下之焚；一掬劫灰，竟作墦間之乞。遺殘喘而瘠卧，賸餘氣以尸居。嗟乎！酒解醉人，花能殢客。何怙悛之不改，顧樂死以忘疲。大腹長髯，往日有阿翁之號。鳩形鵠面，此時蒙餓鬼之呼。竟斷送此殘生，是可忍也？若必求其作俑，其無後乎？僕曾受其愚，備嘗諸苦。父母則齒爲劣子，親朋則目以癡人。竟緣剥膚之凶，遂有噬臍之悔。爰是奮除夙孽，誓掃窮魔。發心上之堅兵，出胸中之藏甲。鋭志則沈舟以往，出奇則減竈而謀。行當盡縛心猿，長驅意馬。抵其虎穴，非無破竹之威。撼此斗城，詎有瓦全之勢。效裴晋公平淮之策，惟斷乃成。作駱賓王檄曌之文，何功不克。公等或遭污染，或被愚蒙。原非冒昧之人，并是聰明之士。幸迷途其未遠，知覺岸之非遥。打來喝棒，好參懺悔之禪。放下屠刀，即是慈悲之佛。無論故鬼新鬼，所期地獄同超。或探黑丸赤丸，必使邪魔盡斬。倘能痛懲往咎，力改前愆，豈惟壽命演五福之元，亦且子孫叶三多之祝。凡兹同志，咸與維新。若或眷戀牀前，徘徊帳下，坐昧守株之見，必貽入坎之虞。試取監於前車，先生休矣。願申盟於皦日，夫子勗哉。』」〇柳湖天才特達，少所爲詩賦，嘗有簪筆館閣之想。嘉慶辛未，曾見賞於程鶴樵學使。亡何，未三十而暴亡，慧業文人，玉樓召速，書生薄命，惜哉。

曩予輯《文苑滑稽》一書，吾邑方子荷蕩仰周嗜好相同，著有《丫嫣傳》。雖游戲之筆，而刻畫洋煙盡態極妍，深得個中味者，予亟收之。已行於世，茲復纂入是經內，於此見嬉笑怒罵，皆成文章。讀者當喜其筆墨之奇，俾聞者亦足爲戒也。其傳曰：「丫嫣者，英吉唎國之孟丫喇種也。昔有阿芙蓉者，唐宋間來賓中國，名著《綱目》，丫嫣則其後苗裔也。或緣其初不自修飾完璞，垢面如竈下丫頭然，故以丫名。嫣則後之見寵於貴人，因其婷婷嬝嬝而字之者也。顧嫣質本夷產，不免有臊羯氣。且顏色如泥土，人頗賤之，猶揜鼻之過西子也。及其航海而來，識者購以重價。於是三薰三沐而出之，而嫣之精神出落迥與昔異矣。柔情膩態，肌香氣馥，迨麗娟不能過焉。第嫣以元默自守，分不與粉白黛綠者亢。而市井牙獪，反以嫣爲奇貨可居，遂挾以要豪右子弟。迨嫣之得交都人士也，舉凡歌臺舞席靡不留。酒樓畫舫有游觀之美者，罔不與入幕。請託無不能，甚至少年游俠誓報恩仇，莫不爲之斂其氣焰於席前，和其氣誼於覿面。而夫人之習，嗜乎嫣也。若有舍嫣無與爲歡，然苟一日不見，將必心煩意亂，攢眉斷腸，寢食不怡，嗚咽下淚，氣息奄奄，若就死地焉。洎乎燈火熒熒，欹枕難睨，盼嫣之翩，姍姍來遲，則涸轍之鮒不啻也。幸而得嫣，橫陳牀第間，則急於挑而狎之，手不忍釋，託纖小之溫柔，續呼吸於唇吻。夫然後圉圉洋洋，可破涕爲笑耳。雖有故人戀戀，寧暇念聯牀於風雨邪。溯其初，未嘗不愧，暱嫣爲非類，然謂應酬徵逐之際，姑以是爲耳目，近玩亦無害也。後乃宴安酖毒，心醉不能割愛。此蓋孟子所謂物交物，則引之之候也乎？久之，嫣遂以專房之寵，蠱惑於内，卜晝卜夜，愈久愈深。識者雖謂其伏戈矛於衽席，爲之有戒心焉，而奈何所歡未之悟也。猶且破家蕩産，以尋舊好。嫣年老矣，而愛惜彌甚，俄而肩聳而僂，膚焦如墨，語成欬後，氣喘喘如車下牛。斯時乃悔，尤物之爲累。然既已四體如腊，無可如何。亦惟是撫鎗太息曰：昔之苦我者，雖嫣是罪。今則生我者，反惟嫣是恃耳。』然嫣亦不因所歡之貧病且老思引去焉，仍與同眠食，以俟其天年之終。嫣嘗自言曰：『兒雖夷而進於中國，以淫佚取譏於世，然不輕進，亦不輕絶，意者頗勝於諸夏之今昔貧富易交者。』方外史曰：『嫣起泥塗之間，出入水火，以鍊其性，吐納香霧，以顯其奇，殆有仙術者邪。宜夫交游故舊，多仙骨也。獨是里巷雀角，婦姑勃谿之細，輒借其力以自盡。其禍何烈歟？嫣究非利人者也，疇令不脛而走海内哉？矧金花紅之類，復假其術以求售，則癖嗜者之命愈危矣。可不戒乎？』」

吾友嘉應李秋田光昭先生，著有《鐵樹堂詩鈔》，内賦《阿芙蓉歌》一首，非過來人未易臻此，歌曰：「熏天毒霧白晝黑，鵠面鳩形犇絡繹。長生無術乞神仙，速死有方求鬼國。鬼國淫凶鬼技多，海程萬里難窺測。忽聞鬼艦到羊城，道有金丹堪服食。此丹別號阿芙蓉，能起精神委憊夕。黑甜鄉遠睡魔降，晝夜狂嬉無不得。百粵愚氓好肆淫，黃金白鏹争交易。勢豪横據十三行，法網森森佯未識。荼毒先深五嶺人，遍傳亦不分疆域。樓閣沈沈日暮寒，牙牀錦幔龍鬚席。一燈中置透微光，二客同來稱莫逆。手執筠筒尺五長，燈前自借吹嘘力。口中忽忽吐青煙，各有清風通兩腋。今夕分攜明夕來，今年未甚明年逼。裙屐翩翩王謝郎，輕肥轉眼成寒瘠。樓閣還如蜃氣銷，烏衣巷口斜陽白。屠沽博得千金貲，邇來也有餐霞癖。漸傳穢德到書窗，更送腥風入巾幗。名士吟餘烏帽欹，美人繡倦金釵側。伏枕纔將仙氣吹，一時神爽登仙籍。神仙杳杳隔仙山，鬼影幢幢來破宅。故鬼常攜新鬼行，後車不監前車迹。」

廣寧程香輪倬桂先生，吾密友也。生平耽於洋煙，悔無及矣。嘗詠洋煙百首，若自譽而實自嘲也。茲僅擇録四首，以寓戒焉。其詞曰：「茫茫如夢誤於煙，錯入圈中已廿年。不覺漸成長命債，那知早授一燈傳。本來面目今何在，耗盡貲財更愴然。

骨立肩寒原自取，濺濺清淚有誰憐。」其二曰：「煙場游蕩日神馳，自困牢籠不自知。始錯路頭終錯路，得便宜處喪便宜。胡爲賢者亦樂此，翻怪鄉人皆好之。失足遂成千古恨，丈夫氣餒斷腸時。」其三曰：「莫教煙引漸成魔，日日牽纏却奈何。田地吹完空復爾，衣裳燒盡竟無他。早知雞肋拋難得，誰肯猪肝累最多。幸勿世人輕錯愛，一經錯愛苦中過。」其四曰：「一吹煙菌被人嘲，萬苦千辛不肯拋。坐到場完鵝引頸，分來掌上燕歸巢。指頭掐破方成粉，津液揩乾始得膠。草薦半張燈一盞，雞鳴風雨話窮交。」

吾邑老友劉三山華東先生，與予總角交。其生平功業文章，錚錚有聲，凡所作小品，予輒存之。然不喜食洋煙，暇時戲詠《食洋煙新樂府》二章，有云：「羅幃密室偎一燈，瞢瞢兔落金烏升。神來佛來呼不應，魂游八極凌九層。春秋百年錦牀過，是非得失付高卧。神仙亦結煙火緣，玉簫無聲吹不破。鴉片樂一。萬事於爾長已矣，欲罷不能面一紙。涕垂尺餘兩眶泪，清天白日立山鬼。洗釜無米都不知，牀頭金盡餘行尸。罌粟花紅番舶笑，收拾人家伶俐兒。鴉片苦一。極得嗜食者三昧，此中人玩此，可以知返矣。」

校勘記

〔一〕「今時」，《嶺南叢述》卷三十六作「近時」。

菸經跋語

璧少不解食菸，且并不知菸草爲何物。及長，家大人亦嗜菸，然又嚴禁璧兄弟不許偷食菸。以故壯年猶兢兢慎持此戒，將復以此戒訓諸〔一〕兒也。其實菸有何味而樂此不疲邪？近又思之，此菸已遍城市，則固無害於事，至男女均有不可缺此者，獨不知其所自起不幾日，習焉而茫昧乎？暇時見家大人撮爲《菸經》，於此知菸之爲用甚溥，前不必有所承，後之欲考其確者，固當以此爲嚆矢也。若云鴉片一種，是亦菸類，嗜之無傷，則萬萬不可，雖曰拂人之性，宜分别而觀之〔二〕。大兒光璧敬跋。

校勘記

〔一〕「戒訓諸兒」，「諸」字底本漫漶難識，據居影《有關趙古農〈菸經〉等三種譜録的題跋》所録《菸經跋語》補。

〔二〕此句「是」「觀」二字，底本漫漶難識，據《有關趙古農〈菸经〉等三种譜録的題跋》補。

藝　文　叢　刊

第　五　輯

077　離騷草木疏（外一種）　〔宋〕吴仁傑
〔明〕屠本畯
078　雲林石譜　素園石譜　〔宋〕杜　綰
〔明〕林有麟
079　松雪齋文集　〔元〕趙孟頫
080　松雪齋詩集　〔元〕趙孟頫
081　書法離鈎　〔明〕潘之淙
082　景德鎮陶録　〔清〕藍　浦
〔清〕鄭廷桂
083　鄒一桂集（上）　〔清〕鄒一桂
084　鄒一桂集（下）　〔清〕鄒一桂
085　閲紅樓夢隨筆(外三種)　〔清〕周　春
086　別下齋書畫録　〔清〕蔣光煦
087　龍眼譜（外二種）　〔清〕趙古農
088　學書邇言（外二種）　〔清〕楊守敬
089　鶴廬畫贅　鶴廬題畫録　顧麟士
090　絲繡筆記　朱啟鈐
091　喬大壯集　喬大壯
092　詞葪校注　羅仲鼎
錢之江